經營顧問叢書 ③317

節約的都是利潤

童修賢　編著

憲業企管顧問有限公司　　發行

《節約的都是利潤》

序　言

微利時代，贏在節約；節約的都是利潤。

西方有名諺語，節約讓你擁抱上帝，揮霍讓你接近魔鬼。對於企業來說，節儉是生存之本和贏利之源，是決定企業興衰成敗的關鍵，是所有偉大企業得以基業常青的秘方。

請讀者記住，節約不是目的，我們盯住的是利潤，而節約就是獲取利潤的工具。

隨著經濟的不斷發展和競爭，產品的差異化程度不斷降低，企業之間的競爭也漸趨白熱化，在這種情況下，企業要想使利潤最大化，就必須考慮設法降低成本、節約費用。

其實，聰明的企業家早就從多年來的生存考驗中尋找到了解決這一不利局面的方法：節約。事實上，像沃爾瑪、豐田、日立這些久經沙場的知名企業都是靠著節約保持著優勢地位。沃爾瑪連鎖量販店創始人山姆·沃爾頓曾經感慨良多地說道：「我甚至告訴我的員工，不要浪費一分錢，如果我們浪費了一分錢，就等於我們從顧客的口袋裏多拿出一分錢；如果我們在顧客的口袋裏多拿出一分錢就意味著我們失去了一部份的市場。而如果我們能把這一分錢節省下來，那麼我們的產品就會在市場中多一份競爭力。」

節約是企業提升競爭力的重要武器，一點都不誇張。抓住了它，你就抓住了希望，抓住了它，你就抓住了企業的明天！

　　對於企業來說，節約的都是利潤，控制成本，降低費用，把本來需要支出的部份節省下來，實際上就相當於賺到了利潤，如果這部份錢用於投資，就等於創造了新的利潤增長點。

　　也許你不相信，美國航空公司的執行官柯南道爾為了降低企業運營成本，節省不必要的開支，他竟然開除了一條看門狗！

　　柯南道爾在一次訪談中，他是這樣說的：「沒錯，我們在加勒比海邊有一棟貨倉。早先我們僱用了一個人整夜看守，後來決定要省掉這項開支。有人說：『我們需要一個人來防止盜竊。』我就說：『把他換成臨時工，隔天守夜一次，也不會有人知道他在不在。』過了一年，我想再減少點成本，便告訴他們：『何不換成一條狗來看守倉庫呢？』我們就這麼做了，而且很有效。又過了一年，我還想把成本再往下降一降，下屬說：『我們已經降到只用一條狗了。』我就說：『你們為什麼不把狗叫的聲音錄下來播放呢？』我們果真這樣做了，也行得通，沒人知道那裏是否真的有條狗在看守。」

　　在柯南道爾和他的管理團隊的共同努力下，美國航空公司後來成為了美國最大也是最賺錢的航空公司之一。外界一致認為，柯南道爾管理團隊所擁有的將成本降到最低的熱情，與美航的成功密切相關。

　　節約是企業必須掌握的一門技能，節約與否，關係著企業的成敗。

　　對於企業能否節約成本，將成本節約到何種程度，公司員工有著很大的決定權。

華人首富李嘉誠有一句至理名言:「企業的首要問題是贏利,贏利的關鍵是節儉,節儉就是企業和員工的雙贏選擇。」

節約應當成為企業的一種精神、一種企業文化,節約意識應當深入到每個員工的心中,成為員工的一種自覺行動。每個員工都應當認識到,勤儉節約是企業提升競爭力的途徑,甚至是決定企業興衰成敗的關鍵。

讓我們共同來銘記這樣兩句話:微利時代,贏在節約;節約的都是利潤,讓我們從自己做起,從現在做起,從一點一滴做起!做一個懂得節約的員工,每個人為企業發展奉獻自己的一份力量。

為了使讀者朋友能夠深刻認識到,節約會產生的巨大價值效益,本書宗旨在闡釋應當如何去節約,使節約成為企業文化,如何用節約打造一份基業長青的大事業。

本書原是管理專家到企業內部的授課教材,加以綜合濃縮合訂本,再加上企管班最新授課資料,本書行文簡練,重點突出,穿插使用知名企業作為示範案例,易讀易用,希望本書能夠幫助企業節約費用、降低成本,從而為企業爭取更大利潤。

2015 年 8 月於日月潭

《節約的都是利潤》

目　錄

◎ 不允許浪費任何資源

曾幾何時，由於經濟的相對封閉性，只要擁有低廉勞動力成本，或者豐富自然資源的地區，就能在競爭中佔有一定的優勢。這些地區的企業可以憑藉地域優勢稱霸一方，獨佔市場。

但是隨著經濟全球化的迅猛發展，信息技術的日益普及，地域對於經濟的影響已經越來越小。勞力資源、技術資源、資金，等等，都因國際化而變得越來越成為共有的資源。經濟的國際化使得地區所獨自享有的資源優勢已經喪失殆盡。所以要想使得企業在競爭中立於不敗之地，任何資源都不允許浪費。

20 世紀 90 年代，在鋼鐵企業普遍虧損的情況下，邯鋼卻脫穎而出，在利潤率方面成為同行業的佼佼者。

很多人不知道，在贏利之前，邯鋼曾連續 17 年虧損。為了扭轉虧損局面，邯鋼把目光盯在消除資源的浪費上。鋼鐵行業是多流程、大批量生產的行業，邯鋼的決策者們在調研中發現企業內部資源浪費驚人，而這些浪費無疑加大了企業的成本。於是，邯鋼決定從成本入手，甩掉虧損的帽子。

他們根據當時市場上原材料、產品、能源及輔助材料等的平均價格，來編制企業內部成本，並根據市場價格的波動及時調整和修改。邯鋼從原料採購到煉鋼、軋鋼開坯和成材，將各道工序的經濟指標全部進行優化，爭取在每一道工序上都不出

現浪費。

在 90 年代初，中國邯鋼生產的線材每噸成本高達 1649 元，而市場價只能賣到 1600 元，也就是說每銷售一噸線材企業要虧損 49 元。49 元的虧損，就意味著企業內部存在 49 元的浪費。必須從各個工序裏把它找出來！在查找浪費的過程中人們發現，僅在產品的包裝上，每個月就會產生上百噸廢料，由此造成的損失超過 60000 元。在對包裝設備進行了全面的技術改造後，每噸鋼材的成本就下降了 8 元。經過認真分析，採取相應措施後，開坯工序每噸鋼坯成本降低了 5 元，鋼錠生產工序每噸成本降低了 24.12 元，原料外購每噸成本降低了 30 元……

經過層層分解，邯鋼將每噸鋼的成本最高限額壓到了最低。大到幾千萬、幾億元的工程項目，小到一張紙、一張郵票、一顆螺絲釘，他們都精打細算。為了促使這種機制高效運轉，提高每位員工的節約意識，邯鋼在給分公司下達成本目標的同時，採取了非常嚴格的獎懲制度以保證目標的完成——對於實際成本超出目標成本的分公司實行重罰，對於實際成本低於目標成本的公司實行重獎；同時加大了獎金發放的力度，獎金額佔薪資的 40%～50%。另外，還設立市場核算效益獎，按年度成本降低總額的 5%～10%和超創目標利潤的 3%～5%提取，僅 1994 年效益獎就發放了 5800 萬元。

2002 年，鋼材市場競爭異常激烈，鋼材價格一降再降，而原材料價格不斷上漲，在這樣的情況下，邯鋼仍實現了銷售收入 115.24 億元、利潤 5.5 億元的佳績，令同行業驚歎不已。

透過邯鋼的事例我們可以得出一個結論：任何企業要想削減自己的經營成本，就必須在經營管理的各個環節進行有效的控制，避免任何資源的浪費。

有一個吸管廠，所生產的吸管 90%以上都銷售到了國外，年產量佔全球吸管需求量的 25%以上。吸管每隻平均銷售價在 8～8.5 厘錢之間，其中，原料成本佔 50%，人工成本佔 15%～20%，設備折舊等佔 15%多，扣除這些成本，利潤僅有 8～8.5 毫錢。

這家吸管廠之所以能夠依靠如此低微的利潤迅速壯大起來，其中的奧妙就在於：在生產中絕不允許浪費任何資源。他們計算著每一厘、每一毫的成本。由於晚上電費比白天要低，他們就把耗電高的流水線調到晚上生產；吸管製作技術中需要冷卻，生產線上就設計了自來水冷卻法。就這樣，他們硬是從成本中將利潤節省出來，創造了自己的輝煌。

由此可見，眾多在成本領先戰略上獲得巨大成功的企業，無一不是得益於他們從不浪費任何一點資源。對於成功企業如此，對於那些普通的企業來說，更是如此。因為，利潤不僅來自企業創造的價值，同樣來自對於資源的節省。作為企業的一名員工，更要有「不允許浪費任何資源」的意識，因為企業再發展也離不開員工的共同努力。當員工有了這種意識以後，企業贏得利潤的目標才有可能實現。

所以，要想成為優秀員工，就要自覺自願地行動起來，為企業節約資源，為自己創造更大的發展空間。

◎ 成由節儉，敗由奢

「成由節儉敗由奢」。這句成語告訴我們節約往往與成功聯繫在一起，奢侈往往同淪落衰敗結伴同行。的確，在市場競爭如此激烈的年代，它更是企業應該謹記的一句成語。

德國的人均國民生產總值居世界前列，但德國人的節儉意識很強，罕見一擲千金的「豪氣」。德國人不斷地把節儉的精神發揚光大，節儉的意識已深入人心，不但找便宜貨的人滿街都是，商店也到處以不同的降價折扣活動吸引顧客。波恩市政府甚至在萊茵河邊樹立了一個「一分錢」雕塑，提醒所有市民要節省每一分錢用於建設。

到底德國人節儉到什麼程度，也許從德國人的飲食習慣上就可以看出來了。德國人習慣於在街上買一根香腸、一個小麵包當做午飯充饑。麵包渣兒那是絕對不能扔掉的，還有指頭上粘著的許多油水兒也是不能糟蹋的，德國人對此發明了用舌頭舔麵包紙袋和舔指頭的好方法。實際上有些德國人吃個蘋果還舔指頭呢，大概那上面也粘上了不少營養物質吧。

在德國家庭，目前最流行的要數「四少原則」——少進餐館、少買衣服、少打電話、少往外跑。為了節儉，德國人還常常親自動手做一些日常用品，讓他們節省了很多開支。德國有句名言叫「用自己的手打自己的天下」，德國家庭除了房屋設計和蓋房是請人幫

忙外，餘下的事情都是他們自己幹的，如房屋裝修、廚房和衛生間的設計和安裝等。家中的汽車、機動遊艇、家用電器以及上下水管道等也由他們自己修理。德國人對能源資源很珍惜，他們居家過日子注意節約水、電，用完洗衣機便擰緊水龍頭，一是省得機器銹蝕受損，二是免得漏水。

德國人節儉的意識深深地印在他們的靈魂深處。他們不僅在日常生活中非常「摳門」，更是把這種「摳門」的精神在企業的經營管理中發揮得淋漓盡致。

在德國，阿爾迪公司備受人們尊敬，是沃爾瑪在德國唯一感到有些頭疼的競爭對手。根據《福布斯》雜誌的估計，阿爾迪公司共同創造者卡爾·布萊希特兄弟的財產價值高達 230 億美元。阿爾迪不懈地提高效率，在節約經營成本方面不斷改進。

阿爾迪的低價格是建立在節儉的基礎之上的，節儉是阿爾迪公司的傳統。畢馬威會計公司在科隆的零售業分析家弗蘭克·彼得森說：「阿爾迪公司是在推行沃爾瑪採用過的戰略。」和沃爾瑪一樣，阿爾迪公司非常重視控制成本。

阿爾迪在同業中長期保持競爭優勢的重要原因是處處精打細算，從而保證較低的營業成本。在德國所有的連鎖店中，阿爾迪的贏利能力是最強的。據統計，德國一般商業企業的銷售利潤率為 0.5%~1.5%，但阿爾迪的銷售利潤率卻接近 3%，這是因為阿爾迪把成本壓到了最低。

阿爾迪設有專門負責公司訂貨的採購公司，在全世界範圍內尋找綜合成本最便宜的商品。一旦找到合適的合作夥伴，阿

費。因此，我們要學習德國人的節約意識，在公司裏更要把它發揚
光大，感染他人，互相傳遞，共同進步。

◎ 企業要走出「微利」的困境

　　宜家是當今世界著名的家居用品公司，也曾遭遇類似經濟危機
的困境，而它最終也正是透過節約的方式擺脫了困境，從而在殘酷
的競爭中立於不敗之地。

　　2002 年，歐元的強勢走向以及中歐經濟的滑坡，給宜家的
經營造成很大的影響。此外，由於新店對於老店的衝擊所造成
的「同類相殘」，影響比預期的要大。截至 2003 年 8 月，宜家
全年的銷售增長率幾乎為零。但是宜家並沒有因此而被擊倒，
而是透過節約在競爭中逐漸取得優勢，生存了下來。

　　在屬行節約、降低成本方面，宜家稱得上是全方位的，考
慮得非常週全。在每一處能夠節約的地方，它都不會輕易放過。
宜家的經營理念是以低價銷售高品質的產品，這就決定了它在
追求產品美觀實用的基礎上要保持低價格。實際上，宜家的節
約從產品設計的時候就開始了。也就是說，設計師在設計產品
之前，宜家就已經為該產品設定了比較低的銷售價格及成本，
然後在這個成本之內，盡一切可能做到精美、實用。

　　為了在設定的低價格內完成高難度的精美設計、選材，並

估計出廠家生產成本，宜家專門成立了一個研發團隊，這個團隊一起密切合作，確保在確定的成本範圍內做出各種性能變數的最優化。他們一起討論產品設計方案、所用的材料，並選擇合適的供應商。

宜家的研發體制非常獨特，能夠把低成本與高效率結為一體。宜家的設計理念是「同樣價格的產品，比誰的設計成本更低」，因而設計師在設計時競爭焦點常常集中在是否少用一個螺絲釘或能否更經濟地利用一根鐵棍上，這樣不僅能有效降低成本，而且往往會產生傑出的創意。在宜家看來，設計是一個關鍵環節，它直接影響著產品的選材、技術、儲運等環節，對價格的影響很大。

為了能夠節省每一分錢，將成本降到最低，宜家不斷採用新材料、新技術來提高產品性能並降低價格。在產品開發設計過程中，設計團隊與供應廠商進行密切的合作。在廠家的協助下，宜家有可能找到更便宜的替代材料，更容易降低成本的形狀、尺寸等。所有的產品設計確定之後，設計研發機構將和宜家在全球 33 個國家設立的 40 家貿易代表處一起，共同確定那些供應商可以在成本最低而又保證品質的情況下，生產這些產品。

除此之外，宜家還不斷在全球範圍內調整其生產佈局——宜家在全球擁有近 2000 家供應商，將各種產品由世界各地運抵宜家全球的各中央倉庫，然後從中央倉庫運往各個商場進行銷售。由於各地不同產品的銷量不斷變化，宜家也就不斷調整其

生產訂單在全球的分佈。

為了節省時間,宜家把全球近 20 家配送中心和一些中央倉庫大多集中在海陸空的交通要道。這些商品被運送到全球各地的中央倉庫和分銷中心,透過科學的計算,決定那些產品在本地製造銷售,那些出口到海外的商店。而每家「宜家商店」根據自己的需要向宜家的貿易公司購買這些產品。透過與這些貿易公司的交易,宜家還可以順利地把所有商店的利潤吸收到國外低稅收甚至是免稅收的國家和地區。

用節約來控制成本,始終是宜家引以為豪的生意經,正是宜家各個方面的節約,增強了宜家的核心競爭力,也幫助宜家渡過了難關。

身處這個微利時代,又遭遇經濟危機,大家只有協同起來,像宜家一樣樹立起節約精神,才能使企業的生產管理成本不斷下降,順利度過整個經濟寒冬。對企業來說,節約可以有效地降低成本,增強產品的市場競爭力,提升企業的贏利空間,是企業渡過「嚴冬」和「微利」雙重困境的重要武器。

◎ 省下的就是賺到的

「省下的就是賺到的，省下的越多賺到的也就越多」，這一理念，不僅適用於普通人的家居理財，同樣也適用於政府機關、所有企事業單位的領導與員工在工作中的貫徹執行。

可以說很多叱吒風雲的大企業的利潤實際上都是省出來的。

被稱為「塑膠大王」的王永慶是台灣的巨富之一。他曾居美國《福布斯》雜誌華人億萬富翁榜首位，世界富豪排行榜第11位。顯赫的地位和巨大的財富與他白手起家的經歷形成了強烈的對比。王永慶成為國際工商界的傳奇人物並不像電影中那樣富有傳奇色彩，甚至說起來還很平凡，他的致富經驗用兩個字就可以概括——勤儉。

60年前，王永慶只不過是一家小米店的店主。由於當時脫粒技術不過關，米裏面很容易混進一些雜物。王永慶就一粒一粒地將混雜在米中的雜物揀乾淨，他從不因此而感到辛苦或者麻煩。有時為了一分錢的利潤，王永慶會在深夜冒雨把米送到客戶家中。勤儉使王永慶的米店日漸紅火，為日後的創業打下了基礎。1954年，他創建了台灣第一家塑膠公司（台塑），成為台灣最大的民間綜合性企業。

王永慶說：「多爭取一塊錢生意，也許要受到外界環境的限制，但節約一塊錢，可以靠自己努力。節省一塊錢就等於淨賺

一塊錢。」在降低成本方面，王永慶不遺餘力。1981 年台塑以 3500 萬美元向日本購買了兩艘化學船，實行原料自運。在此之前，台塑一直租船從美國和加拿大運原料。如果以 5 年時間來計算，租船的費用高達 1.2 億美元，而用自己的船隻需要 6500 萬美元，從中可以節省 5500 萬美元。台塑把節省下來的運費用在降低產品價格上，從而使客戶能買到更具價值的台塑產品。

王永慶認為，最有效的摒除惰性的方法就是保持節儉。節儉可以使企業領導者和員工冷靜、理智、勤勞，從而使企業獲得成功。

王永慶曾經說過：「如果我們能夠對一些細節進行研究，就能細分各操作動作，研究其是否合理。如果能夠將兩個人的工作量減為一人的，那麼生產力會因此提高 1 倍；如果一個人能兼顧兩部機器，那麼生產力就會提高 3 倍。」

王永慶的經歷向世人揭示了其成功的秘訣：憑藉節約，盡自己的能力努力創造財富。

規模越大的企業和越有實力的老闆，越重視點滴的節省和創收，比如日立公司在開展節約運動時曾提出「1 分鐘在日立應看成 8 萬分鐘」的口號，意思是說，一個人浪費 1 分鐘，日立公司的 8 萬多名員工就要浪費 8 萬多分鐘；按每人每天 8 小時計算，8 萬分鐘就相當於一個人工作 166 天。每個人浪費一點，累積起來就會給整個公司帶來巨大浪費。

當然，一家企業如果只靠老闆重視節約是不夠的，每一名員工也應做到盡職盡責。為公司節省，這樣才會使自己與公司賺得更多。

　　有一位青年在美國某石油公司工作，他所做的工作就是巡視並確認石油罐蓋有沒有自動焊接好。石油罐在輸送帶上移動至旋轉台上，焊接劑便自動滴下，沿著蓋子回轉一週，這樣的焊接技術耗費的焊接劑很多，公司一直想改造，但又覺得太困難，試過幾次都沒有成功。而這位青年並不認為真的找不到改進的辦法，他每天觀察罐子的旋轉，並思考改進的辦法。

　　經過仔細觀察，他發現每次焊接劑滴落 39 滴，焊接工作使結束了。他突然想到：如果能將焊接劑減少一兩滴，是不是能節省點成本？於是，他經過一番研究，終於研製出 37 滴型焊接機。但是，利用這種機器焊接出來的石油罐偶爾會漏油，並不理想。但他不灰心，又尋找新的辦法，後來研製出 38 滴型焊接機。這次改造非常完美，公司對他的評價很高，不久便生產出這種機器，改用新的焊接方式。也許，你會說：節省一滴焊接劑有什麼了不起？但這「一滴」卻給公司帶來了每年 5 億美元的新利潤。這位青年，就是後來掌握全美石油業 95% 實權的石油大王——約翰‧大衛森‧洛克菲勒。

　　「省下的就是賺到的」，每一名員工都要擁有這種理念，這樣才能使公司賺取更多的利潤，同時，自己也才會從中獲益更多。

◎ 節約讓企業渡過淡季

在當今時代，市場競爭異常殘酷，尤其是在市場淡季裏是如此。要想在市場淡季裏構築競爭的優勢，只有依靠企業的節約，因為只有節約才會讓企業淡季不淡。

20 世紀 90 年代以來，美國航空業處於一片慘澹經營的愁雲中，成立於 1968 年的美國西南航空公司卻連年贏利。1992年美國航空業虧損 30 億美元，西南航空公司卻贏利 9100 萬美元。2001 年美國航空業總虧損為 110 億美元，2002 年上半年美國航空公司虧損 50 億美元；2001 年和 2002 年上半年世界最大航空公司美洲航空公司分別虧損 18 億美元和 10 億美元；2002年美國聯合航空公司申請破產保護。在市場一片蕭條的情況下美國西南航空公司的所有飛機卻正常運營，全部職員正常工作，財務上持續贏利，現金週轉狀況良好，被人們喻為「愁雲慘澹中的奇葩」。

美國西南航空公司為何取得如此驕人的業績？西南航空公司能夠異軍突起，秘訣在於公司對成本的節約。在美國國內航空市場上，西南航空公司的成本比那些以「大」著稱的航空公司都低很多。究其原因是多方面的，但最主要的原因是節約。

為了節約成本，西南航空公司擁有的 400 多架飛機，全部都是波音 737，這種機型是最省油的，運營過程中可以節約燃

油成本。還有一點，公司的所有飛機機型都一樣，這樣可以實施較大批量的採購，增強了採購過程中討價還價的能力，較高的採購折扣率降低了飛機的採購價格。這樣就控制了飛機的原始成本。

西南航空公司還大力減少中間環節，節約開支。他們通過流程變革，減少公司對代理商支付費用，杜絕將中間環節的費用轉嫁給消費者，「將折扣和優惠直接讓給終端消費者」。他們採用通過電話或網路訂票，以信用卡方式支付，不通過旅行社售票，儘量消除代理機構，減少和取消代理商售票，避免代理環節的費用開支；不提供送票上門服務。這樣既降低了公司的成本，又給顧客帶來了利益。訂票過程的優化設計極大地降低了西南航空公司的經營成本。

為了最大限度地節約成本，西南航空公司甚至連機票的費用都給省下來了。該公司根據乘客到達機場時間的先後，在乘客到達機場服務台報出自己的姓名後，給乘客打出不同顏色的卡片，顧客根據顏色不同依次登機，然後在飛機上自選座位。這種設計既降低了機票製作成本，又提高了乘客登機的效率，減少了飛機在機場的滯留時間，有效地控制了公司租用機場的費用。

西南航空公司提倡「為顧客提供基本服務」的經營理念，飛機上不設頭等艙，間接地降低了公司的經營成本。不僅如此，由於取消餐飲服務，機艙內衛生比較乾淨，飛機著陸後的清潔時間減少 15 分鐘，這樣減少了飛機在停機坪的停留時間，增加

了飛行時間。

　　此外，由於飛機上取消餐飲服務，只為顧客提供花生米和飲料，騰出了飛機上為此項服務佔用的空間，為此飛機上又可以增加 6 個座位，這樣也間接地降低了公司的運營成本。

　　由於飛機飛行過程中的一些改革，西南航空將服務人員從標準的 4 人減少了 2 人，人員的減少對成本降低的作用也是十分明顯的。

　　自「9·11」事件以來，美國航空業就不斷被破產、裁員等壞消息所籠罩。美國合眾國航空公司也申請破產保護，其餘幾家大型航空公司也因巨額虧損走到了懸崖邊緣。然而美國西南航空公司卻創下了連續 29 年贏利的業界奇蹟。

　　美國媒體曾廣泛宣傳和讚揚過關國西南航空公司這樣的航班紀錄：8 時 12 分。飛機搭上登機橋，2 分鐘後第一位旅客開始下機，同時第一件行李卸下前艙；8 時 15 分，第一件始發行李從後艙裝機；8 時 18 分，行李裝卸完畢，旅客開始分組登機；8 時 29 分，飛機離開登機橋開始滑行；8 時 33 分，飛機升空。兩班飛機的起降，用時僅為 21 分鐘。但鮮為人知的是，這個紀錄實際上卻遭到了西南航空總部的批評。因為飛機停場時間比計劃長了將近 2 分鐘。

　　西南航空專門算過：如果每個航班節省在地面時間 5 分鐘，每架飛機就能每天增加一個飛行小時。正如西南航空的創始人赫伯特·凱勒爾的名言：「飛機要在天上才能賺錢。」三十多年來，西南航空用各種方法使他們的飛機盡可能長時間地在

天上飛。

　　與「國內線、短航程」的基本策略相配合，西南航空公司全部採用波音 737 飛機。由於機型單一，所有飛行員隨時可以駕駛本公司的任何一架飛機，每一位空乘人員都熟悉任何一架飛機上的設備，因此，機組的出勤率、互換率以及機組配備率都始終處於最佳狀態。另外，全公司只需要一個維修廠、一個航材庫，一種維修人員培訓和單一機型空勤培訓學校，從而始終處於其他任何大型航空公司不可比擬的高效率、低成本經營狀態。

　　高速轉場是提高飛機使用效率的另一重要因素。人們經常可以看到西南航空的飛行員滿頭大汗地幫助裝卸行李；管理人員在第一線參加營運的每一個環節。另外，西南航空把飛機當公共汽車，不設頭等艙和公務艙，從不實行「對號入座」，而是鼓勵乘客先到先坐。這就使得西南航空的登機等候時間確實要比其他各大航空公司短半個小時左右，而等候領取托運行李的時間也要快 10 分鐘。這樣，西南航空的飛機日利用率 30 年來一直名列全美航空公司之首，每架飛機一天平均有 12 小時在天上飛。

　　正是西南航空的高效才使得其成本遠遠領先對手，才使得這家公司「基業常青」。才使得這家公司敢於向整個運輸行業挑戰——「我們不但能與任何航空公司競爭，而且我們還敢向地面上跑的長途大巴士叫陣競爭。」

　　美國西南航空公司正是從方方面面來進行節約，從而大大

降低了運營成本，最終得以被稱為「愁雲慘澹中的奇葩」。

市場上沒有永遠的強者，也沒有永遠的淡季，只有腳踏實地，做好自己的事情，找到從降低成本到營銷戰略的正確道路，才能夠成為市場競爭中的勝利者。

◎ 面對寒冬，企業需要節約型「棉被」

「強本而節用，則天不能貧。」節約既是時代和社會的要求，同時也是企業在嚴峻的經濟形勢下生存和發展的需要，同時，也應當成為有責任心的企業的自覺行為。說到節約和節能，就不能不提一個概念，即節約型企業。所謂節約型企業，是指在企業生產經營的各個環節，透過採取技術、經濟和行政管理等綜合性措施，不斷提高資源利用率，以盡可能少的資源消耗和環境代價，實現企業可持續發展。簡單來講，節約型企業就是資源消耗少、成本水準低、科技含量高、經濟效益和社會效益好的企業。

成功的企業都是一個成功的節約型企業。作為世界上最大 PVC 粉生產廠的台塑集團，就是一個節約型企業的典範。

台塑集團的員工食堂採用的是自助餐形式，要求吃得好又不浪費。為此，王永慶專門請幾位營養家，花了兩年時間，為

台塑集團編制了一份詳盡的「全年度統一菜單」。這份菜單對於營養搭配、成本控制與採購方式等都予以週全設計，然後分發到各單位食堂，使其從採購、驗收到每一道菜的製作方法都有章可循，既節省了成本，又保證能讓員工吃得高興。

台塑在籌設生產高密度聚乙烯和聚丙烯工廠時，王永慶仍堅持自己奉行的一貫政策。除制程和儀器設備向國外訂購外，自己的人員負責基本設計和工廠建造，以便節省大量的設計費與工程費等。結果是，聚乙烯廠總計花費 12 億台幣，聚丙烯廠總計花費 16 億台幣。在建廠成本上，假如美國人來做需要 140 元，日本人要 100 元，而王永慶的台塑公司只用 67 元就夠了。

王永慶是做小本生意起家的，儉樸是他多年養成的習慣。他在企業管理中，也特別強調節儉，反對鋪張浪費。他說：「多爭取一塊錢生意，也許要受外在環境的限制，但節約一塊錢，可以靠自己的努力。而節約一塊錢，就等於淨賺一塊錢。」他的理念是：「追根究底，點點滴滴求其合理化」，目的是消滅任何一點不合理成本。

可以說，台塑集團能夠成為世界上最大的 PVC 粉生產廠，與王永慶本人的節約意識密不可分，值得今天處於經濟寒冬中的每家企業借鑑。

◎ 李嘉誠的經營秘訣

最新公佈 2005 年度全球最富有人士排名榜，香港富商李嘉誠再次名列亞洲首富，在全球前 50 名最富有人士中排名第 25。李嘉誠 2003 年的資產額是 52 億英鎊，2004 年資產額增加至 67 億英鎊。

作為亞洲首富，坐擁幾十億的家產，李嘉誠是怎麼看待錢的呢？這有一個流傳很廣的小故事，很可以說明李嘉誠對於錢的態度。

一次在取汽車鑰匙時，李嘉誠不小心將一枚兩元的硬幣掉到了地下，硬幣滾到車底。李嘉誠怕汽車發動後，硬幣會掉到路邊的溝裏，就趕緊蹲下身子去撿。這時，他旁邊的一個印度籍保安看到，幫他拾起了硬幣。李嘉誠收回硬幣後，竟給了保安 100 元作為酬謝。李嘉誠解釋說：「如果我不拾這兩元錢，讓它滾到坑渠裏，那這兩元錢便會在世上消失。而 100 元給了保安，他可以拿去用。我覺得錢可以用，但不可以浪費。」這個億萬富翁竟然連一個小硬幣也不放過。

李嘉誠並不缺那一枚小硬幣，只不過他已經養成了節儉的習慣而已。簡樸是李嘉誠的一個生活準則。人們稱李嘉誠是「最為簡樸的億萬富翁」。李嘉誠一向沒有豪言壯語，他只淡淡地說了一句：簡樸的生活更有趣。

李嘉誠幼時貧困，飽受磨難，深知生活之艱辛。他於逆境中奮

進，白手起家，搏擊商海，終成大器，被稱為「超人」。按說，像他這樣的超級富豪，日子過得「豪華」一些，也在情理之中。但他恰恰相反，對自己要求甚嚴，衣食住行皆非常簡單，決不浪費一分錢、一粒米。

李嘉誠住的房子，仍是 1962 年結婚前購置的深水灣獨立洋房。這在當時，以李嘉誠的身份，確實「高檔」了些。但現在，李嘉誠作為香港首席富豪，住這樣房子就顯得有點寒酸。從 80 年代起，住在山頂區的部份英國人陸續撤離，騰出的花園洋房，大都為華人富豪買去。人們都說，香港頂尖級富豪，該住進頂尖級的住宅區。但李嘉誠對老房卻情有獨鐘，不願搬到更好的房子裏去。

李嘉誠的衣著通常很普通，他常穿一身不是名牌的黑色西服，他對於衣服和鞋子是什麼牌子，都不怎麼講究。一套西裝穿 10 年 8 年是很平常的事。他的皮鞋 10 雙有 5 雙是舊的。最近穿的一雙鞋，其中一條飾帶爛了，李嘉誠就索性剪掉它，變成一只有飾帶一隻沒飾帶，但是他照樣穿。他穿的鞋多數穿到換底。皮鞋壞了，扔掉太可惜，補好了照樣可以穿。

手錶已經成為李嘉誠節儉的象徵，李嘉誠早年戴的是極一般的日本精工錶，後來電子錶流行，他改為西鐵城電子錶。且不論是那一級富豪，就是白領階層，戴一兩百萬元的瑞士名錶，比比皆是。李嘉誠的戴錶水準，只屬於低收入的打工一族水準。

李嘉誠雖然手錶很普通，但他卻決不認為手上的錶有損其高貴身份，他反而引為自豪，他常常把手錶展示給外國記者看。有一次，他指著手上戴的西鐵城電子錶，對來訪的客人說：「你戴的錶要貴

重得多。我這個是便宜貨，不到 50 美元。它是我工作上用的錶，並非因為我買不起一隻更值錢的錶。」

李嘉誠在公司，與員工一樣吃工作餐。他去巡察工地，建築工吃的大眾泡沫盒飯，他照樣吃得津津有味。公司來了客人，他也從不帶去高級飯店，就在公司食堂吃，只不過比平時多幾樣冷盤炒菜。份量不多，但能吃飽，又不至於浪費。

他不抽煙、不喝酒，也極少跳舞，舞技自然很一般。在香港的西方人眼裏，他是個「沒有生活情趣的典型東方人」。

李嘉誠擁有好幾部轎車，名車大眾車皆有。在 10 多年前，他的座駕多是白領階層那一檔的轎車。使用的是柴油，現在用的多是日產總統型，據他說是為了安全，才改用這種大馬力的車。李嘉誠打趣道：「賊人開好一點的日本車打劫已經可以爬我頭上了。」以華人首富的身份，他坐勞斯萊斯，完全合其身份，且無人議論。但是他自己從不坐，只有陪客時才勞駕它代步。據他說，坐太名貴豪華的車，會使自己貪念奢侈，忘記勤儉。

「只要勤奮，肯去求知，肯去創新，對自己節儉，對別人慷慨，對朋友講義氣，再加上自己的努力，遲早會有所成就，生活無憂。當生意更上一層樓的時候，絕對不可有貪心，更不能貪得無厭。」李嘉誠對自己成功的詮釋說出了自己立身處世的原則。

雖然李嘉誠平時的生活十分節儉，但對於公益事業，李嘉誠卻一擲千金，毫不吝嗇。這些年，他對於教育、醫療衛生、社會慈善福利、文化藝術事業的捐助，名目之繁、範圍之廣、數額之巨，難以細計。

1983～1989 年，僅投資建設汕頭大學，李嘉誠就捐資 5.7 億元，這是他善行義舉的一座豐碑。

李嘉誠用節儉建立了自己的商業大廈，積攢億萬財富、萬貫家產，更用節儉下來的財富為慈善事業做出自己的貢獻。「對自己節儉，對朋友慷慨」可謂是他的做事為人的準則，也是他最好的寫照。

◎ 從煮雞蛋看出「節約型企業」

要打造節約型企業，除了將目光放在成本控制上面之外，我們還應當注重流程的創新和優化，從流程優化中節約成本。下面我們透過生活中煮雞蛋的一個例子，來看一看透過企業流程來節約成本的這個問題。

我們都有煮雞蛋的經歷，因此對於煮雞蛋的流程也相當熟悉：

鍋裏添進大約 300 毫升的涼水，放進雞蛋，蓋上鍋蓋，點火；3 分鐘左右水開，再煮 10 分鐘，關火。在這個傳統的煮雞蛋流程中，我們週而復始地重覆著同樣的程序卻從沒有想過有沒有更加高效節能的辦法來煮雞蛋？下面就讓我們來看看同樣是煮雞蛋，日本人是怎樣做的：用一個長寬高各 4 釐米的特製容器，放進雞蛋，加入 50 毫升左右的水，蓋鍋蓋，開火，1 分鐘後水開，再過 3 分鐘關火，再利用餘熱煮 3 分鐘。這個煮雞蛋的方法比上一種方法節約了 4/5 的水和 2/3 的熱能。

企業經營也是一樣，很多時候，企業管理者也會犯「煮雞蛋」的經驗主義錯誤：為了煮熟一個雞蛋，燒開一大鍋水，把大量時間和精力浪費在燒開水上。為了對一個並不是很重要的項目做出決策，他們興師動眾召開一輪又一輪會議，浪費時間、浪費精力，結果往往得不償失。因此，企業管理者在進行管理時一定要善於突破固有套路的思維模式，用高效節能的思維重新整合企業的業務流程。

其實，企業要節約成本主要解決兩個問題就可以了：一個是關於如何提高效率的問題，另一個就是關於如何降低成本的問題。很多企業也都能意識到這兩個問題的重要性和深遠的意義，但是卻很少能找到一個行之有效的方法來解決，實際上這兩個問題我們都能夠從「煮雞蛋」的案例中得到啟發。

「煮雞蛋」帶給我們的啟示可總結為：追求效率，講究方法，遵守秩序，注重集約，合理統籌，忙而不亂。面對金融風暴的侵襲，如果每一個企業都能像煮雞蛋一樣去「煮」流程，逐步強化採購、銷售、配送、信息處理等各環節的整體調度能力，調控物流、貨幣流、信息流的銜接，充分發揮各部門人員主觀能動性，那麼以提升營運效率，從流程上打造「節約型企業」便不是難事。

◎ 豐田公司奉行節儉 就在於點點滴滴之間

　　節儉是一名員工的基本素質，但是節儉並不是說要所有的員工都去考慮如何節省幾千元、幾萬元的大筆資金，這對大多數員工是不大現實的。對於員工來說，節儉就在於點點滴滴之間。這裏幾元、那裏幾元，如果我們把節約的觀念用在所有這些小地方，那麼加在一起可以成為很大的數目。

　　在世界 500 強企業中，有一個有趣的現象，以營業收入計算，豐田汽車排在第 8 位，但是以利潤計算，豐田汽車卻排在第 7 位。同時《財富》世界 500 強的數據顯示，2003 年豐田汽車賺取的利潤遠遠超過美國三大汽車公司的利潤之和，就是比排在第二位日產汽車的 44.59 億美元利潤，也高出 1 倍多。實際上，豐田的利潤已經遠遠超出了全球汽車行業其他企業利潤的平均水準。豐田的驚人利潤從何而來？

　　在豐田的利潤中，可以說很大一部份是豐田員工節儉下來的。豐田的屬行節儉是全球出名的。豐田辦公室的員工用過的紙不會隨意扔掉，反過來做稿紙，鉛筆削短了加一個套繼續用，領一支新的也要「以舊換新」；機器設備如果達到標準，很陳舊也一樣使用；鼓勵工人提出合理化建議，幾乎每天都有人在技術革新、小改小革

上下功夫。

舉個簡單的例子，豐田的員工很注意在組裝流水線上的零件與操作工人的距離有多大才合適。如果放得不合適，取件需要來回走動，這種走動對於整個工序就是一種浪費，要堅決避免。另外，豐田還有一個特別的地方，在豐田的整個流水線上有一根繩子連動著，任何一個工人一旦發現流過來的零件存在瑕疵就會拉動繩子，讓整個流水線停下來，並將這個零件修復，決不讓它留到下一個流程。

在豐田，有這樣一個故事，有一名設計師深入研究了大多數汽車上的門把手，通過和供應商合作，他們把這些把手上的零件從 34 個減少到 5 個，結果採購成本節約了 40%。而且，安裝只需 3 秒，節約了 75%的時間。

不但如此，節約水電、暖氣、紙張等都是豐田所宣導的，細微之處的節儉為豐田帶來了不小的收益。

「勿以善小而不為，勿以惡小而為之。」節儉也是一樣不論大小。每一個企業都有許多細微的小事，這往往也是大家容易忽略的地方。有心的員工是不會忽視這些不起眼的小事的，因為他們懂得，大處著眼，小處著手，節約成本應當從一點一滴做起。

其實生活工作中，有很多的小事都是舉手即可完成的。例如：

⑴節約每一度電，做到隨手關燈，人走燈滅；人走電器關；電腦不用時將它調至休眠狀態或關掉；

⑵節約每一滴水，水龍頭用後及時關閉，及時修理水管水箱，杜絕滴漏水的現象；

⑶節約每一個電話,不用公費電話聊天、談私事,提高打電話的效率。打電話時最好在拿起話筒前擬一份簡明的通話提綱,重要內容一字不差地寫在提綱上。這樣做有利於保證通話內容的準確、完整、精練,節省通話時間和提高通話效率;

⑷節約每一張紙,複印紙、公文紙統一保管,按需領取,節約使用,盡可能雙面列印或複印,公共衛廁使用的衛生卷紙勤儉節約,禁止盜拿;

⑸不要把公司的辦公用品私自拿回家據為己有,把平時習慣丟掉的紙張撿起來,看看是否還能夠派上其他用場。

當然,節約成本遠不止表現在以上幾個方面,還需要在工作中多多留心。堅持少花錢多辦事,會議、接待、招待等儘量從簡和節約,不該花的錢不花,能少花的錢不多花,不必要辦的事不辦,可勤儉辦的事不鋪張辦。一名優秀的員工就是要在點點滴滴之間節儉,不放過能夠節儉下來的每一分錢。而一分一分地累加,就能成為一個巨大的數字,而這些都是變成了企業的利潤。

◎ 節約是一種創造力

　　企業的使命就是賺錢，贏得利潤。利潤就是比較產出與投入，產出越多，而投入越少，利潤就越大。而要實現利潤最大化，一方面要開源，增加收入，實現產出最大化；另一方面要節流，降低成本，實現成本最小化。在達到相同產出效果的情況下，成本費用支出低，就可以直接體現為企業利潤的提升。

　　以一個 150 人的企業計算，每天每人節省一度電、一滴水、一張紙、一次車費，按每天每人節省 1.5 元計算，每月可節省 6750 元，每年可節省 81000 元，十年可節省 810000 元，百年可以省 8100000 元。

　　810 萬元，這是一個多麼令人驚訝的數字啊，有誰能說節約不是一種創造？！

　　盈利還是虧損，很可能就是由是否節約決定的。要想更好地獲利，必須節約。大家不妨來算一筆簡單的賬：假設一件產品的售價是 1000 元，成本是 900 元，那麼利潤就是 100 元。如果將成本減少 100 元，那麼利潤就是 200 元。顯而易見，成本減少了 11%，而利潤增加了一倍。

　　船王包玉剛曾經有一句名言，他說：「在經營中，每節約一分錢，就會使利潤增加一分錢。」也許是銀行家出身的緣故，包玉剛對於控制成本和費用開支特別重視。他一直堅持不讓他

的船長耗費公司一分錢。他總是說：「不要跟那些與花費目標有關係的人一起休息。」

他給身邊的高級職員寫條子作指示，用的都是紙質粗劣的紙，而且一般都是寫一張一行的窄紙條。有人問他老是飛來飛去的是不是坐包機，包玉剛說他是吃寧波鄉下鹹菜蘿蔔乾長大的，那能坐包機？

有錢、有智慧的人都很節約，有誰能說節約不是一種遠見，不是一種創造？！

有一句諺語說得好，「生產好比搖錢樹，節約好比聚寶盆。」滔滔江河起於涓涓細流，巍巍高山起於杯杯壘土。節約省的是錢，創造的是價值，積累的是資源和財富，有誰能說節約不是一種創造？！

造船廠廠區共有 117 個廁所，以前一個月一個廁所耗水近 2000 噸，約 4000 元的水費，後來在每個廁所都安裝了節水裝置，一個廁所一個月最多用 300 噸水，水費不到 600 元。20 多萬元的節水裝置投資，一個月就收回成本。另外，造船廠塗裝生產工廠進行電效能工程改造後，能夠節約用電 8%～10%。一台空壓機的節電裝置成本約 6 萬元，能夠每月節電 6000 多千瓦時，一年就可以收回投資。

「節約雖有限，萬合是十石，細流成江河，衝破東海岸。」企業的發展壯大固然要靠員工的勤勞創造，但離不開節約。節約無止境，創造天地寬。節約是另一種創造，節流一分錢，也就等於為企業增加了一分錢的利潤，有誰能說節約不是一種創造？！

◎ 節約已成為企業的核心競爭力

企業的核心競爭力是企業獲得持續競爭優勢的來源和基礎,企業如果想在經濟全球化的大潮中立於不敗之地,最有效也是最關鍵的一點就是提升企業的核心競爭力,只有全面提升自己的核心競爭力,才有可能在日趨激烈的市場競爭中獲得利潤。在這樣一個到處都充滿競爭的時代,節約已經成為企業的核心競爭力,因此要提高自己的核心競爭力,首先要在企業中發揚一種節約的精神,讓節約來增強企業的競爭力,使企業有所作為。

對企業來說,節約可以有效地降低成本,增強產品的市場競爭力,提高企業的贏利空間,增強應對市場變化的能力。

宜家正是通過節約得以在競爭中立於不敗之地。宜家是當今世界上最大的家居用品公司,是 20 世紀中少數幾個令人炫目的商業奇蹟之一。但宜家曾遭遇過非常艱難的一年。

其實,降低成本不僅僅是生產製造部門的事情,在每一項價值活動中都會有成本控制的問題。要在各項價值活動中建立起成本控制的規劃來,然後對各種活動進行自我比較,看看那一項活動在改進成本方面取得的成效最為顯著。同時,還要和我們的競爭對手做比較,看看我們和競爭對手之間的差距在那裏。這樣,才有利於我們更加清醒地認識到自己在成本改進方面尚待提高的地方,然後積極努力地去提高它。

當節約成為企業的核心競爭力，它就像我們每個人身體裏的DNA 一樣，伴隨我們每一天的工作生活，讓我們在工作過程中，不斷地、自覺地去挖掘可以改進的地方，尋找一切可能的機會，這樣就能夠把成本領先的精髓貫徹到每一項有價值的活動中去。

節約是一名員工的基本素質，當然節約並不是說要所有的員工都去考慮如何節省幾千元、幾萬元的大筆資金，這對大多數員工也是不大現實的。對於員工來說，節約就在於點滴之間。這裏幾元，那裏幾元，如果我們把節約的觀念用在所有這些小地方，那麼加在一起可以成為很大的數目。

有些員工會認為自己在一個大的企業裏，一個人在降低成本方面是起不了多大作用的。可是這種看法正是錯誤所在。古語說得好「涓涓細流，彙成海洋。」同樣是這個道理，成千上萬的日常微不足道的小節省，彙集起來就會對企業有著不可估量的作用。

日本一家機器製造廠的老闆發現裝配工人在生產過程中，對一些剩餘的小零件總是不太珍惜，常常是隨手丟棄，他多次提醒也不見效。

一天，老闆突然走到工廠裝配區的廠房中間，將一筒硬幣拋向空中，任其灑落在各個角落，然後一言不發地踱回了自己的辦公室。工人們見狀，莫名其妙，一邊紛紛撿拾散落在地上的硬幣，一邊對老闆的古怪行為議論紛紛。

第二天，老闆把裝配工人召集起來開會，發表了他的觀點：「當你們看到有人把錢撒得滿地都是時，表示疑惑，雖然都是硬幣，卻認為太浪費了，所以一一撿起。但平時你們卻習慣把

螺帽、螺栓以及其他一些零件丟在地上，從不撿起來。你們是否想過，在通貨膨脹越來越嚴重的今天，這些硬幣其實是越來越不值錢了，而你們所忽視的零件卻一天比一天有價值。」

幾乎所有的員工在聽完老闆的講話後，都翻然醒悟。從那以後，大家都不再亂丟零件了，這一點一滴的節約也給公司創下了一筆不小的收益。

企業就如同大海，大海也是由一點一滴的水形成的。企業的費用和成本也是如此，這裏節省一點，那裏節省一點，加起來就會成為非常龐大的數目。只有每一名員工都能夠自覺地從點滴進行節約，企業才能夠最大限度地節約成本，從而獲得巨大的效益。

「勿以善小而不為，勿以惡小而為之。」節約也是一樣不論大小。每一個企業都有許多細微的小事，這往往也是大家容易忽略的地方。有的員工是不會忽視這些不起眼的小事的，因為他們懂得，大處著眼，小處著手，為公司節約應當從一點一滴做起。

心得欄 _____

_____

_____

_____

_____

_____

◎ 讓節約成為生活方式

　　節約，是一種生產力。有了節約，少了浪費，自然就省出相當一部份的資源、能源，這實際上也就是在創造價值。反之，如果只注重生產、發展，而忽視了節儉，儘管產出很高但開支、浪費也大，那社會財富又怎麼能積累起來呢？在今天競爭這麼激烈的商業社會裏，就算是在很小的地方去節省，積少成多，最後節省出來的東西也是可觀的，甚至可能造成贏利和虧本的區別。

　　法國作家大仲馬曾精闢地說：「節約是窮人的財富，富人的智慧。節約是世上大小所有財富的真正起始點。」

　　猶太人有世界公認的經商天賦，但是如果說他們的財富完全來自於天賦，是不公平的。除了天賦外，猶太人的財富可以說是來自儉樸和勤奮。猶太民族是一個多苦多難的民族，早在幾千年前，就有摩西率領猶太人走出埃及的記載，在二戰中，猶太人又慘遭屠戮。苦難的生活，養成了猶太人節約的習慣。在猶太教的教義裏，有這樣一句話：「儉樸使人接近上帝，奢侈讓人招致懲罰。」這可謂是猶太人生活的準則。

　　猶太人憑著節儉，以及過人的經商天賦，雖然經受了許多的苦難，但是在二戰以後，他們很快地在落腳地「發家致富」，擁有了巨額的財富。卡特總統的財政部長布魯門切爾就是用十幾年時間白手在實業界打出一片天地的，40歲時已成為著名的本迪克斯公司的

老總。在對猶太民族懷有偏見的人看來，猶太人無法擺脫掉「吝嗇」的指責。實際上猶太人是對奢侈的東西吝嗇，他們應當被稱為「節儉家」。我們看一下猶太人商店陳列的廉價品就知道了。一般的猶太人消費的就是那些廉價品，比如說沒有香料的肥皂和沒有牌子的化妝品、餐具。看一眼猶太人開的店，感覺不到生意興隆，只有寂寞和哀傷的感覺。無論是在芝加哥、紐約，還是在洛杉磯，只要猶太人逛街，他們總會買便宜貨。

美國連鎖商店大富豪克里奇，他的商店遍及美國 50 個州的眾多城市，他的資產數以億計，但他還是非常節儉。

有一次，他想要去看一場歌劇，在購票處看到一塊牌子寫道：「下午 5 時以後入場半價收費。」克里奇一看表是下午 4 時 40 分，於是他在入口處等了 20 分鐘，到了下午 5 時才買票進場。

從麥卡錫和克里奇身上，我們看到了猶太人節儉的思想。愈是富有，愈要有節儉思想，愈要有良好的教養，愈要有本民族的傳統美德。

猶太人在商業上獲得的巨大成功，得益於他們既會理財、又會節約的習慣，應用到生活和工作中。他們不富有，誰還會富有呢？

◎ 降低成本，要從主管本身做起

凡是有所成就的企業家，幾乎都是簡樸的典範。事實上也必須這樣，企業要想節省每一分成本。領導者首先就要從自身做起，給員工們做好示範。以身作則，才能使人心服。

有人說，王永慶可能是世界上最節儉的億萬富翁了，關於他節儉的故事，人們隨便都可以提到很多。

台塑公司的一位職員，花了 1000 美元為王永慶的辦公室更換新地毯，結果惹得王永慶很不高興，差點大發雷霆！他對於吃的原則是「簡便」，最愛吃的是家常的鹵肉飯；他對於穿的原則是「整潔」，每天早上跑步穿的運動鞋，一雙總要穿上好幾年，而一條運動時用的毛巾，據說用了近 30 年！

生活中都如此簡樸，那麼工作中就更是力求節儉了。在台塑工作，各單位之間文書往來的信封不能用完就丟，必須使用 30 遍才能報廢；工人工作時戴的手套，如果手心磨破了，他會讓工人把手套翻過來，戴在另一隻手上，洞就到了手背，又可以繼續使用；王永慶要請客吃飯，不會在外面餐廳，而是在台塑招待所內，一般中菜西吃，客人將盤子端出來，由侍者分菜，不夠可以再加，但是絕對不能有剩菜。這樣既降低了招待費用，又顯得簡樸而大方，不失身份。

連企業的領導者都是如此節儉，那麼其他人還敢隨便浪費嗎？

還好意思隨便浪費嗎？從某種角度來講，是企業家的個性形成了企業的文化，一旦企業家的節儉變成了整個企業的文化，沒有理由相信這樣的企業還會存在浪費。

企業家的影響不僅要體現在以身作則上，還要隨時教育、感召員工，使他們與自己形成勤儉節約的共識。

企業對成本的控制，歸根結底還要靠員工去完成，所以，單是領導者具有節儉的意識還遠遠不夠，領導者還要隨時教育員工，使每一個員工都把節約成本當作工作中的一項必要內容。要讓每一個員工感覺到，花企業的錢，就像花自己的錢，讓所有員工都養成死摳成本的習慣。

降低成本是企業必不可少的課題，尤其是在當今微利時代，企業之間的競爭愈來愈激烈，一個企業要想在這樣的環境中存活下來，必須要有超越他人的法寶。從每一滴成本上做文章無疑是企業爭取利潤的行之有效的出路。

從自己口袋裏省下一塊錢，要比從競爭對手手裏搶過一塊錢或是從客戶手裏賺回一塊錢，實在是容易得多。所以，企業節省成本應該千方百計、一點一滴地去摳。

◎ 節約一分錢，挖掘一分利

「泰山不讓土壤，故能成其大；河海不擇細流，故能就其深。」公司的發展壯大和節約每一分錢的關係正是如此。

世界上所有規模龐大、實力雄厚的企業，都不是憑空產生的，而是靠著所有員工一步一個腳印創造出來的，是一分錢一分錢地省出來的。

以施萊克爾的名字命名的連鎖雜貨超市，在德國各地到處都有，而且越來越多。但是，這些超市卻不是門庭若市，反倒經常是門可羅雀。這種店的店主也能發財嗎？事實還真的就是這樣：2003 年年初，施萊克爾所擁有的資產高達 13 億歐元，是一位名副其實的億萬富翁。

施萊克爾出生在德國斯圖加特以南那一大片以「人人儉省」著稱的施瓦本地區。1965 年，年僅 21 歲的施萊克爾接管了他父親的肉品店。同年，他在艾賓根城的邊上開出了他的第一家自選商場。

1975 年，施萊克爾邁出了他商業道路上的關鍵一步。那時正值雜貨價格下跌，他創辦了一家銷售洗滌劑、刷子和香水等商品的新式商場。兩年後，他已經擁有 100 多家這樣的商店。施萊克爾的擴張戰略很簡單、很特別，但也很有效。那個城市不那麼繁榮的街區如果有一家小店關門倒閉，施萊克爾便派人

到那裏。經過一番討價還價之後，施萊克爾以超低價格租下店面。他並不要求高銷售額，而只求以最低的成本來經營。

施萊克爾的這種超低成本經營法，有時竟到了讓人哭笑不得的地步。例如，為了節省開支，有些分店很長時間裏只用一名僱員。又如，在相當長的一段時間裏，許多分店不安裝電話。因為施萊克爾認為，電話放在那裏只能被僱員們用來打私人電話。

施萊克爾通過自己的節約獲得了成功。如今施萊克爾超市在德國已擁有 8000 多家分店，35000 餘名員工，年營業額高達 35 億歐元，是歐洲最大的 25 家商業集團之一。

追求利潤是企業的根本目標。企業利潤就像人的血液一樣，假如企業造血功能不好，發展就會受到限制。要想實現利潤最大化，增加自身的造血功能，企業不但要會開源，更要會節流，降低各方面的成本。利潤指標是定量的，如果降低了成本，就等於提高了利潤，節約一分錢就等於挖掘出了一分利。

企業之間的競爭發展到一定階段，不但是業務能力的競爭，更是成本能力的競爭。尤其在產品同質化嚴重的今天，誰擁有了成本優勢，誰才能在競爭中勝出，才能獲得最大的利潤。所以，節約是企業必須掌握的一門技能，因為它決定著企業的成敗。

奧克斯能夠在冷氣機市場上佔有一席之地，就是因為採取了多種手段來加強控制自己的成本，努力節約每一分錢，以此來堅持自己的低價冷氣機的定位。

奧克斯有句口號叫做「一切為成本服務」。在奧克斯人看

來，節約一分錢就是挖掘出一分利。在奧克斯有「省一個人省
10 萬元，省一個環節省 1 萬元，集成一個零件省 10 萬元」和
「加一項新技術值 100 萬元，加一項新建議值 10 萬元」的「加
減法」理論，在效率效益上多做加法，費用成本方面盡力做減
法。

從一個很小的例子可以看出奧克斯「節約一分錢就等於挖
掘一分利」理念的成功。作為 500 強企業的奧克斯橫跨電力產
品、家電產品、通信、汽車、能源、物流、醫療、房產 8 大領
域，業務增長迅速。像這樣一個大型的企業，一年的用紙量是
多少？也許很多人認為這是一個無足輕重的問題，但奧克斯卻
十分精細地統計過，是 4.3 噸。並且這些僅僅是用於對外標書
的製作和公文的傳遞。為了節省下每一分錢，奧克斯在企業內
部，大至公司制度、請示報告和會議紀要，小到獎罰單、請假
條和採購指令單，竭力實現「無紙化」辦公，節省成本。

與奧克斯相比，有些企業管理者就遜色了。他們總認為「家大
業大，浪費點沒啥」，粗放經營，疏於管理，致使原材料浪費大，
能源消耗多，影響了企業的經濟效益，加劇了企業的經營困難。這
是很可惜的。

節約一分錢就等於挖掘一分利，一個具有節約意識的人或企
業，在面對紛繁複雜的競爭和未來的不確定性時，會具有更強的實
力，會有更大的獲勝幾率。

席爾瓦是巴黎的一位有名的銀行家，但是他曾經一貧如洗。

那時，他每天晚上都要到一家小酒館裏去吃飯，偶爾喝上

一瓶多啤酒。當時的啤酒用的是軟木塞，他起初並沒有怎麼在意，後來發現市場上有人回收這些木塞，自己為什麼不把它們收集起來賣呢？

於是，從那以後，他開始收集軟木塞，每天都去吃飯的酒館把能找到的所有軟木塞收集回去。日復一日，他那樣收集了整整 8 年，後來收集到的軟木塞居然賣了 8 個金路易！

而這 8 個金路易就成了他發家的資本，後來投資到了股票市場上，逐漸贏利，後來成為了一名知名的銀行家。他在死後留下了約 300 萬法郎的遺產。

從一無所有到事業有成，家產幾百萬法郎，節約造就了席爾瓦。微不足道的一個個軟木塞卻給他帶去創業的基礎，可見，節約對於創業的人來說極其重要。贏利還是虧損，很可能就是由是否節約決定的，很多時候沒有意義的花銷看起來只有微不足道的幾分錢，但長年累月眾多名目的支出，累積起來就是一筆很大的支出，要想更好地獲利必須節約，儘量減少不必要的開支。如果一個人能意識到「節約一分錢就等於挖掘一分利」，那麼他將會使自己終身受益。

◎ 消滅 10%的浪費，
增長 100%的利潤

開源節流，顧名思義就是：開闢源頭減少流失。對於企業來說，「開源」就是增收——開闢增加收入的途徑；「節流」就是節支——節省不必要的資源消耗與費用支出。

開源節流也就是在開源的過程中節約資源，杜絕浪費；在節流的過程中，充分發揮資源的作用，提升資源的價值。開源與節流是同時存在、協調發展、並不矛盾且目的一致的兩種行為。做好開源節流的有機結合，才能使企業的效益得到最大程度的提高。

企業為了提高效益，必須堅持「以效益為中心」，緊緊圍繞「增收」和「節支」兩條線，左手抓「增收」，右手抓「節支」，兩手都要硬，才能實現效益的持續增長。

有一種蝮蛇，對能量的積累和消耗遵循開源節流的原則，即平時總是廣開食源，並高效率地吸收營養成分儲藏於體內的能源庫中，而動用時又以最節約的方式支出。蝮蛇深諳開源節流之道，因而在大雪封山時能夠順利度過寒冬；而老鼠卻因為懶惰和浪費一命嗚呼！

因此，我們每個人在日常生活和工作中都要時刻謹記：開源節流，就是在控制支出成本的同時，努力去開拓增加收入的途徑。

美國許多中了「樂透獎」的人在 5 年內就花光了獎金（一般不低於 500 萬美元），還有為數不少的中獎者破產。這說明，賺足夠多的錢並不能保證一生無憂。不懂得開源節流，即使坐擁百萬財產，也難以保證長久的高品質生活。

1. 增收，就是想出各種辦法增加產值和收入

通過認真策劃、制訂切實的營銷方案，拓寬流通管道，增添新的經營項目，擴大產品銷量及吸引各種新客源量；也可以通過產品設計、增加文化附加值、提升品牌形象、新發明新創造等途徑，提高產品的競爭力，從而增加企業的銷售收入，創造更大的利潤。

2. 節支，就是減少經營過程中的費用，把費用率降到最低水準

可以通過削減採購成本、控制辦公費用、利用高技術設備提高生產率、精減管理機構、降低差旅經費等措施，向成本和管理要效益。

國內一家知名家電企業新近推出的《節約手冊》規定：辦公紙必須兩面用；鉛筆用到 3 釐米才能以舊換新；大頭針、曲別針、橡皮筋統一回收反覆使用；文件只要不是機密的，統一回收再用反面；員工洗手時，一濕手就應擰住水龍頭，打好肥皂後再重新擰開沖洗……

開源是增效的途徑，節流是增效的措施。也就是說：企業開源與節流的和才是最大的企業效益。因此，任何企業在推行開源節流時，都必須雙管齊下。

企業採用一定的措施方案來降低成本，這同利潤的增加密切相

關。降低成本則意味著增加利潤，但兩者並不是同比例變化的，一般情況下，利潤增加的幅度，要比成本降低的幅度大，即成本降低10%，利潤可能增加 20%，甚至更多。

假設 A 產品的售價是 10 元，成本是 9 元，那麼利潤就是 1 元。如果成本降低了 1 元，利潤額則為 2 元。成本降低了 10%，而利潤則增長了 100%。

	降低成本前	降低成本後
銷售額	10	10
成本	9	8
利潤	1	2
利潤率	10%	20%

假設利潤率不變，企業如果要增加成倍利潤，則只能擴大一倍的銷售規模，才能增加一倍的銷售量。但在激烈的市場競爭環境下，要擴大一倍的銷售規模，則企業要增加一倍的人員、設備、管理費用等。

有人認為增加銷售量是增加利潤的主要途徑，這沒有錯，不過這卻需要付出一定的代價。但降低成本卻不需要花錢或花錢很少。例如，現在企業的利潤率是 5%，那麼只要削減 5%的內部成本，利潤額就增加了一倍。所以，對於企業來說，應將增加企業效益的重點放在降低成本的環節上。

良好的成本控制制度是企業增加盈利的根本途徑，無論在什麼情況下，降低成本都可以增加利潤。成本控制能夠抵抗內外壓力，

企業外有同業競爭、政府稅收等不利因素，企業用以抵禦內外壓力的武器主要是降低成本、提高產品質量、創新產品設計和增加產品銷量。

其中，降低成本最重要。降低成本可以提高企業價格競爭能力，可以提高安全邊際率，使企業在經濟萎縮時繼續生存下去；提高售價會增加流轉稅負擔，成本降低了才有力量去提高質量、創新設計。把成本控制在同類企業的先進水準上，才有迅速發展的基礎。

一般企業在激烈競爭中，能維持 10%的淨利就算不錯了，尤其在不景氣的市場中，要想再成長，更是難上加難。然而，走進許多企業，觸目所及，企業內部存在浪費的現象很多，若能改善這一現狀，企業所得到的便是淨利增長。

美國捷藍航空公司的故事或許會給我們一定的啟示。

在發生「9·11」恐怖襲擊 3 年後，美國很多大型航空公司依然難以擺脫經營上的困境，但尼勒曼掌舵的捷藍航空卻逆流而上：贏利達到 1 億美元、平均上座率達 86%，並被評為服務素質最好的美國航空公司。如此表現，在美國航空業又創下一個驚人的奇蹟。

在美國西部各航空公司的票價中，捷藍的票價比大型航空公司低 75%，甚至比素以低價優質著稱的西南航空公司還要低。而捷藍的成功主要在於它將運營成本降到了最低，在每一個環節，都絕不浪費。

為了最大限度地節約成本，捷藍努力保持自己飛機的利用率。捷藍的飛機利用效率在所有航空公司中是最高的。同樣一

架飛機，在捷藍，每天可以飛行 12 小時，而在美聯航、美國航空公司和美洲航空公司只能飛 9 小時，另一個實現贏利的西南航空公司飛機每天飛行時間則為 11 小時。由於機隊飛機有限，班次一定要頻密，才能夠最大限度地獲取利潤。捷藍的總裁尼勒曼認為，理想的停機時間不能超過 35 分鐘，即乘客 8 分鐘內全部落機，清潔 5 分鐘，下一班機乘客登機 20 分鐘。此外，捷藍的飛機上座率平均達到 80％以上，而一些大型航空公司則徘徊在 60％左右。這樣就極大地節約了成本。

捷藍還通過免去午餐來降低成本。捷藍目前擁有的飛機是全新的空中客車 A320 型。全新的飛機不僅能夠吸引乘客，而且飛行更安全，維護費用也要比老式飛機低 1/4 以上。由於機種單一，捷藍的地勤、技術人員的培訓成本也由此下降。與西南航空公司一樣，捷藍的飛機在飛行途中不提供正餐，只提供飲料和零食。在捷藍的登機門口，顯示器提醒大家：「注意：下一餐在 2500 英里之外。」以幽默的方式提醒途中需要餐點的乘客，在上機前先自行準備。由於捷藍的票價很低，乘客一般都不會對此提出抱怨。這一做法一年替捷藍省下的資金就有 1500 萬美元。

為了最大限度地將成本轉化為利潤，捷藍公司把節儉原則貫徹到每一個角落。在捷藍，300 多位服務人員在經過系統培訓之後被允許在家辦公，從而節省了大量的辦公設施及交通費用。

消滅不必要的浪費給捷藍帶來了高出同行一截的效率。按

100 英里計算,捷藍航空 2002 年上半年每個座位的收費是 8.27
美元,而其成本是 6.82 美元,收益是 1.45 美元。以低價著稱的
西南航空公司的這一收費是 7.61 美元,成本是 7.31 美元,收益
僅為 0.3 美元。正在虧損的美聯航的收費是 9.95 美元,成本是
12.03 美元,虧損 2.08 美元。正在申請破產保護的美國航空公
司的收費是 12.99 美元,而其成本則高達 16.06 美元,虧損高達
3.07 美元。

　　所以,企業要想贏利,消滅一切浪費是一條切實可行的路。節
約每一分成本,消滅任何多餘的浪費,把成本當作投資,就能引起
每個企業對成本的足夠重視,從而在日常管理的方方面面,有強烈
的節省成本和追求回報的意識。而有的員工卻認為自己所在的公司
實力比較雄厚,那一滴水、一度電的小小浪費不算什麼。可是你要
知道任何東西都是由少變多,長期積累下來的。

　　心得欄 ------------------------------

◎ 不差錢的「小氣」大財神

　　很多人覺得窮人才需要節省呢，有錢人不必在乎那麼點錢。如果這麼想你就錯了，富翁中有很多在平日裏是非常節儉的，甚至過於摳門。

　　做企業需要先投入資金、技術，需要人力資本的付出，而且市場環境變幻莫測、經營道路充滿艱險，需要付出很多的艱辛，需要承擔很多的風險。

　　人們常說：「世界上大多數的錢在美國人口袋裏，而美國人的錢大多在美國猶太人口袋裏。」但是，在 19 世紀末 20 世紀初，猶太人剛踏上北美大陸時，大多數人窮困潦倒，一貧如洗。當時去美國的移民平均每人身上只有 15 美元，而猶太人則只有 10 美元。猶太人想要在這片土地上活下去，唯一的辦法是用 5 美元辦執照，1 美元買籃子，剩下 4 美元辦貨，成為流動的街頭小商小販。這樣發家致富，經過幾代人之後他們形象大變。在美國的猶太人，已經爭取到了更高的收入和生活水準。赫赫有名的大家族，如戈德曼、雷曼、洛布和庫恩等家族，都是從做小商小販開始的。

　　創業者在創業過程中吃過很多苦、受過很多累、經過很多難、遇過很多險，他們的成功是一步一個腳印地創造出來的，他們的財富是一分錢一分錢地掙出來的。他們都具有強烈的成本意識，他們深知一分一毫來之不易，他們都在自覺不自覺地追求節約，並身體

力行影響著他們的追隨者以及企業的員工。這是他們在商業世界中取得成功的關鍵。

世界首富比爾‧蓋茨富可敵國，但是，蓋茨夫婦生活很儉樸。中國胡錦濤主席 2006 年抵達美國華盛頓州西雅圖市，對美國進行為期 4 天的國事訪問。首場晚宴做東的主人是大名鼎鼎的比爾‧蓋茨。晚餐卻足僅三道菜：前菜是煙熏珍珠雞沙拉；主菜是華盛頓州產黃洋蔥配製的牛排或阿拉斯加大比目魚配大蝦（任選其一）；甜品是牛油杏仁大蛋糕。

有一次，比爾‧蓋茨和一位朋友開車去希爾頓飯店。飯店前停了很多車，普通車位很緊張，不過旁邊的貴賓車位空著不少，朋友建議把車停在貴賓車位。但蓋茨認為太貴，即便朋友堅持付費的情況下，蓋茨最終還是找了個普通車位。

李嘉誠一次上車前掏手絹擦臉，帶出一枚一元的硬幣掉到了車下。天下著雨，但李嘉誠執意要從車下把錢撿出來。後來，旁邊的侍者為他撿回了這枚硬幣，李嘉誠於是付給侍者 100 元的小費。他說：「那一枚硬幣如果不撿起來，被水沖走可能就浪費了，這 100 元卻不會被浪費。錢是社會創造的財富，不應被浪費。」

被稱為「塑膠大王」的王永慶是台灣的巨富之一，他曾居美國《福布斯》雜誌華人億萬富翁榜首位、世界富豪排行榜第 11 位。台灣人喝咖啡時喜歡加入奶精球。每次喝咖啡時，王永慶總要用小勺舀一些咖啡將裝奶精球的容器洗一洗，再倒回咖啡杯中，一點都不浪費。生活上，他極為崇尚節約：一條毛巾

用了 27 年。用的肥皂剩下一小片,還要粘在整塊上繼續使用。他開米店時,為了每天省 3 分錢,無論寒暑,都在室外水龍頭下沖冷水澡。

　　他被稱為台灣「經營之神」。在降低成本方面,他不遺餘力。1981 年,台塑以 3500 萬美元從日本購買了兩艘化學船,自運原料。在此之前,台塑一直租船從美國和加拿大運原料。如果以 5 年時間來計算,租船的費用高達 1.2 億美元,而用自己的船隻僅需要 6500 萬美元,從中可以節省 5500 萬美元。台塑把節省下來的運費用在降低產品價格上,從而使顧客能買到更具價值的台塑產品。

　　這些富可敵國的大富翁一點也不缺錢,他們的節儉讓我們難以置信。事實上,他們的「小氣」「吝嗇」或節儉,體現的是他們對於財富的態度以及節約的美德。他們在創業的過程中形成了這種作風與精神,成為富翁後,他們仍然嚴格要求自己與員工,正是這種「吝嗇」成就了他們的企業和他們自身。

　　他們的勤儉,更準確地說是他們亮麗光彩背後蘊含的素質、涵養和傳統,正是他們成功、富有的基因。他們節約的不僅僅是錢,積累的不僅僅是財富,他們自律慎行,追求真和美,是在超越自己,是在創造未來。

　　《墨子‧辭過》中說:「儉節則昌,淫佚則亡。」漢代賈誼在《論積貯疏》中有言:「生之有時,而用之亡度,則物力必屈。」《管子‧形勢解》中有言:「惰而侈則貧,力而儉則富。」

　　節約是一種傳統美德,也是一種創造財富的手段;節約是財富

的基石，也是許多優秀品質的根本。節約是一種智慧，一種憂患意識，種可持續發展的深謀遠慮。貧窮時要勤儉節約，富有時更要勤儉節約。只有這樣，才能守住富有，才能越來越富有。

◎ 節約才能降低成本

　　追求成本領先的企業應著力塑造一種以降低成本為中心的企業文化，注重細節，精打細算，講究節儉，嚴格管理。不但要抓外部成本，也要抓內部成本；不但要把握好戰略性成本，也要控制好作業成本；不但要注重短期成本，更要注重長期成本。要使「降低成本」成為企業文化的核心，一切行動和措施都應體現這個核心；一切矛盾和衝突的解決都應服從於這個核心。企業有了這種以降低成本為中心的企業文化，降低成本的自然而然地就會深入人心，人人都以降低成本為首要任務。

　　在市場經濟條件下，追求利潤最大化是企業的主要經營目標，如何以最小的投入獲得最大的產出，是企業管理永恆的主題。一些企業提出大行銷的觀念，就是要通過加強企業內部管理，降低成本、降低費用，支援市場建設，增強競爭能力。降低成本，關係到企業經濟效益的提高，關係到企業產品競爭力的增強，關係到企業的生存發展，關係到企業員工的根本利益。企業的方方面面、上上下下都要圍繞成本的降低下工夫，從身邊的小事做起。降低成本的

首要一點就是杜絕浪費，一分錢、一滴水、一度電、一顆螺絲釘，能夠節約就節約。成本就在每一位員工的手中。

　　某廠的德國專家格里希應聘擔任廠長後，發現廠裏到處都有釘子、螺絲掉在地上，他要員工撿起來，並說，在德國如果發現這種情況第一次不撿，要被警告，第二次再不撿就會被解僱。如今企業都在緊緊抓住降低成本這個目標，加強各項管理，增強市場競爭力。抓住部份裝置老化、物耗能耗高等問題，不斷強化員工的成本意識，完善了以「降本增效」為中心的管理體系，並採取崗位盤算、班組核算、過程倒算、裝置結算等措施，把成本指標細化，分解到人，逐級簽訂業績合約。

　　此外，要降低成本，還要不斷提高素質，在員工心中樹立成本、節約、效益、競爭的市場觀念，並以此支配員工的日常行為。從節約一張紙、一分錢做起，全方位降低消耗，降低成本，全員面向市場，增強競爭力，這是爭取更多利潤，促進企業發展，保持企業長盛不衰所需要的一種精神。

◎ 降低成本的準備與執行工作

1. 降低成本的準備與執行工作

企業決心要降低成本，要做好以下準備工作：

(1)列出詳細的成本清單

要求各部門主管詳細列出各自主管部門的成本清單，上交並分類匯總，使企業能夠清楚地看到本企業的成本現狀。

(2)瞭解每一項成本的全部

把成本清單放在辦公桌上，逐項地、細細地看上幾遍，然後針對每一項成本向自己發問：我瞭解這一項成本嗎？它為什麼存在？它和其他成本以及利潤有什麼關聯等等。這樣你會更真實地瞭解每一項成本，只有瞭解它才能知道怎麼削減它。

在瞭解每一項成本時，不妨使用逆向思維方式，假設所有的成本都是不合理的支出，然後假設如果削減掉它會怎麼樣？會影響收入或者利潤嗎？如果不會，就可以毫不猶豫地刪掉它。

(3)找出不知道的成本

擺在企業面前的成本清單不一定是該企業所有的成本支出，還有很多你看不見的成本。比如你看得見購買一台印表機的錢，但是你卻看不見碳粉、紙張、硒鼓以及電力等難以控制的耗費。當然，還有一項是不可以忽略的，那就是時間，因為時間就是金錢，所以時間當然也就是企業重要成本之一。找出這些看不見的成本，並且

想盡辦法消滅它們，那麼企業又將增加很多利潤。

確定成本來源能使管理者做到：

① 確定成本中心；

② 監督這類成本，並運用它們監督整個預算；

③ 控制它們，以減少或避免那些不必要的費用；

④ 把責任分解到企業的若干領域。

在成本分析中比較常用的方法有柏拉圖法，即利用 80／20 原則來分析。實際上降低成本，也確實不能眉毛鬍子一把抓。抓住降低成本的重點，成本降低的成效才明顯。

如：根據項目成本及其分佈表可以作出下述柏拉圖。

同理，在每一個單項成本中，還可以再進一步應用柏拉圖法進行細分，最終找出降低成本的關鍵。

柏拉圖

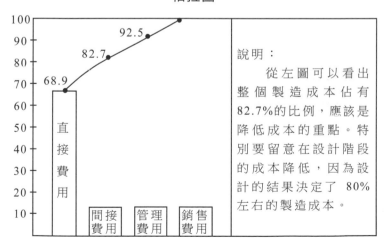

說明：

從左圖可以看出整個製造成本佔有82.7%的比例，應該是降低成本的重點。特別要留意在設計階段的成本降低，因為設計的結果決定了 80% 左右的製造成本。

2.降低成本的實施策略

(1)降低成本的時機與策略

對於一個公司來講，降低成本可分為以下兩種：

①戰略性成本降低。

②戰術性成本降低。

在決定採取那一種策略降低成本時，要對降低成本的時機作充分的檢討：

· 從產品或事業的生命週期來看，成熟期將至，需要大力降低成本。

· 在一些國家，由於人力資源費用的巨大差距，正在誕生強有力的競爭對手。

· 由於新技術、新的技術方法、新材料及先進的設備的出現，是否採用，成本有相當大的差異。

· 由於不同國家之間，匯率發生變化，或經濟及政治環境發生變化，利益有可能下降。

· 無論外部環境有何變化，如內部的人力資源費用上升或成本上漲加快，會使收益有下跌的趨勢。

· 由於最終的消費者個性化需求的上升，從而出現了多品種、小批量的趨勢增強，可能出現成本上升的局面。

· 客戶週期性要求下調銷售單價，且成為一種市場的慣例。

總之，降低成本的局勢越迫切，降低的幅度越大時，此時應該考慮戰略性降低成本。戰術層面的成本降低已無法滿足生存與發展的需要。

⑵降低成本的策略選擇

全面降低成本策略檢討流程圖

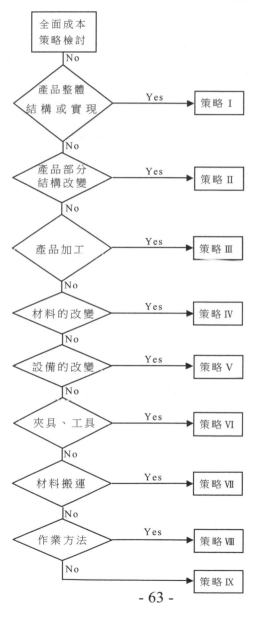

　　無論是戰略性降低成本，還是戰術性降低成本，或現有的技術和體系改善，都需要逐層地分析與檢討，以決定在那一層面切入。

　　請看降低成本策略檢討流程圖，如上圖所示。

降低成本的推行步驟表

推行步驟	推行說明
現狀分析	· 何處？需要多少成本？ · 降低成本的必要性如何？ 包含： a.產品別、流程別、部門別成本現狀的分析與把握 b.技術狀況、競爭狀況、經營環境狀況分析
設定目標	· 由誰負責？在何處降低成本？ · 到何時？降低多少？ 包含： a.按產品別、流程別、部門別、負責人別、時間別設定降低成本的目標
對策的分析檢討	· 什麼項目？由誰負責？在那裏？用什麼方法降低成本？ · 降低多少成本？ 包含： a.那一方面要降低成本？什麼項目？具體方法、目標的分析檢討 b.降低成本團隊及負責人的使命
對策實施	· 降低成本對象的實施 包含： a.實施的方法、實施期限、實施指導及報告
實施效果評估	· 對策實施狀況的檢查、評估、二次對策 包含： a.實施效果的把握 b.目標與實際結果的比較 c.業績評估
標準化並加以推廣	· 那些程序、那些方法、那些技術、那些教訓可以標準化？ 包含： a.將可以標準化的標準化 b.將可以在更大範圍內展開的加以推廣 c.降低成本報告書的完成

⑶降低成本的目標的確立

按照降低成本策略的檢討流程，一旦策略確定就可以進一步確立降低成本的目標。

注意事項：

①如果確立的是戰略性成本降低的策略，則關注部門應定位在以研發設計部門為重點。

②如果確立的是戰術層面的成本降低策略，則關注部門主要為製造部門或品質及工程技術部。

著眼點：以現有的生產方式、設備為前提的生產系統。

心得欄 _____

_____

_____

_____

_____

_____

◎ 世界級企業也要節約成本

　　沃爾瑪榮登世界 500 強之首後,許多專家都想去解開其中的謎團。一位專家對沃爾瑪做了一次深入的調查,發現了沃爾瑪做大做強的一個重要秘訣:摳得出奇。

　　一個偌大的企業,從部門經理到營運總監,隨身攜帶的筆記本都由廢報告紙裁成;所有員工不能在上班時間發私人郵件;每月手提電話費必須打出清單;採購部工作人員一旦被發現與客戶吃飯,要立即走人。

　　許多世界知名企業員工出差都要求住四五星級賓館,打的要高級汽車,而沃爾瑪卻沒有。山姆‧沃爾頓外出時,經常和別人住同一個房間;2001 年,沃爾瑪召開年會,世界各地的經理級人物都是住在招待所。

　　很多企業都想從成本中尋求效益,但是怎樣控制和降低成本?從何處著手?就是每個企業家都必須認真做好的一篇大文章了。沃爾瑪的事例說明,節省成本最重要、也是最根本的一條,是從身邊的點點滴滴做起,將利潤一點一滴地累計起來。

　　從生產和製造的角度來講,企業的成本主要包括材料費、人工費和經費這三大部份。材料費是指構成產品的材料和零件的採購費用,人工費是指產品製造時用在產品製造過程中相關人員身上的費用,而經費則是指電能、燃氣、煤、油等能源費以及外協委託加工

費、租賃費、保險費、折舊費等。可見，成本的內容可謂種類繁多，要想真正地節省成本，必須從每一項內容做起，從身邊的點點滴滴做起。

精打細算、節儉辦事，成本多由小事組成，企業只有從小事入手降低成本，才能積小利為大利。為企業卸下沉重的包袱。實現利潤的飛速增長。

企業經營的終極目標，不同的人有不同的理解。有人說是為了企業不斷發展壯大，有人說是促進社會經濟發展等等，所有的一切都必須建立在企業盈利的基礎上。企業的利潤越大，可以實現的目標就越多。沒有盈利，企業只有死路一條，根本談不到發展和壯大，更談不到促進社會的發展。所以說，企業只有一個終極目標，那就是——利潤！

那麼降低成本到底在企業獲取利潤上扮演一個什麼角色呢？為什麼我們要提倡增加利潤從節約開始呢？

1. 節約就是降低成本增加利潤

企業的生存之本是利潤，企業的大小和興衰並不能只看成本的多少、規模的大小和員工人數的多少，也不能看擁有多少先進設備、有多少先進管理人才、擁有多大的市場佔有率、產品有多大的需求量等，唯一的衡量標準只有利潤。有利潤，企業才得以生存發展，沒有利潤，企業只有死路一條。

所有企業都應該清楚這樣一個公式：

利潤=收入－成本

這個公式蘊藏著企業生存和創造財富的秘密。企業之所以稱為

企業，關鍵在於其極為明確的目標——賺取利潤，並實現利潤最大化，這也是企業家最大的使命。利潤是所有企業真實的、可支配的最終結果。只有利潤才能讓企業生存、發展和壯大，其他的一切目標都只是企業實現利潤最大化以後取得的附加值。

從上面的公式中，我們可以看出增加利潤的方法只有兩個：增加收入和降低成本。

隨著市場競爭的不斷加劇，企業產品差異化程度不斷降低，再加上企業與企業之間大打價格戰，企業增加收入的空間越來越有限，當企業無法再從收入上增加利潤時，自然而然就想到了降低成本這條路。所以，要想取得成功，企業必須時時關心利潤問題，牢固地樹立起降低成本就是增加利潤的觀念。

利潤是產出與投入之比，或者說是收益與成本之比。比值越高，利潤越大；反之，則越小。長期以來，很多企業只重視生產資料和投入，投入越多越好，對於收益卻不太計較，更不重視收益與成本的比較。樹立效益觀念，就是要時時事事把收益與成本加以比較，力求用最小的成本創造出最多的收益來。

舉個簡單的例子：假設一種產品的市場定價為 100 元，生產這種產品的全部成本為 90 元，利潤是每件 10 元。現將成本降低 10%，現在我們來看一下，利潤增加了多少？增加了多少百分比？（如下表所示）。

成本降低對利潤的影響

	原產品	降低成本後	變化
定價	100 元	100 元	不變
成本	90 元	81 元	降低 10%
利潤	10 元	19 元	增加近兩倍
利潤率	10%	近 20%	增長率近 100%

從上表中我們清楚地看到：成本降低 10%，也就是 9 元錢，利潤雖然也是增加了 9 元錢，但利潤率卻是增長了近 100%！在資本市場上，利潤增長 100%將帶來股價的飆升、市值的巨幅增長、股民得到高回報、股東將有巨大收益……。

如果利潤率不變，企業要增加成倍利潤，就需要擴大一倍以上的銷售規模。但在市場競爭極為激烈的情況下，擴大 100%的銷售談何容易？企業需要增加多少業務員、多少設備、多少貸款、多少廣告投入、多少管理費用？但是如果企業認真做好降低成本的工作，在企業內部削減了成本——例如現在的利潤率是 5%，只要降低 5%的成本，利潤就將增加一倍；即使利潤率是 10%，降低 5%的成本，仍將增加 50%的利潤額。

由此可見，降低成本給企業帶來的是巨大的利潤。

2. 節約可以創造競爭優勢

企業總成本領先的地位非常吸引人。因為一旦企業贏得了這樣的地位，就可以獲得更強的競爭力，更大的獲利空間，以及那些對價格敏感顧客的忠誠。在微利競爭時代，成本領先戰略已經成了企

業獲得競爭優勢的殺手鐧。

所謂成本領先戰略是指通過有效途徑，使企業的全部成本低於競爭對手的成本，以獲得同行業平均水準以上的利潤。成本領先戰略要求企業建立起高效運作的生產設施，最大限度地降低研究、開發、生產、銷售、廣告、服務等各方面的成本或費用。為了達到這些目標，就要在管理方面對成本給予高度的重視。

獲得成本優勢通常有兩種主要方法：

⑴在價值創造上的每一個環節上實行有力的成本控制；

⑵重新構建價值鏈，也就是用新的、效率更高的方式來設計、製造、分銷其產品，以獲得更低的成本。

在某些行業中，通過擴大規模來實現經濟效益的增加，是最為有效的成本控制措施。

如何通過控制規模來達到成本領先呢？

⑴適當地擴大規模。可以擴大的規模有：

①擴大採購規模以降低採購成本；

②擴大生產規模以充分利用生產能力，降低單位固定成本；

③擴大銷售規模以減少銷售費用等。

⑵通過對規模比較敏感的活動制定專門的政策來加強規模經濟。比如，鋼鐵製造行業可通過精簡產品線而實現某種主要產品的規模經濟最大化。

⑶企業應根據其戰略方向來利用規模經濟的形式。比如，地方性企業在開拓全國市場時，就應考慮到南北差異，在設計上應重視全國性的特點而不只是符合某個地區的需求，也就是強調產品的全

國性規模。

　　儘管企業生產規模的擴大會給企業帶來成本優勢，但是它卻要受到一系列條件制約，首當其衝的就是市場規模。如果沒有一定的市場規模，一次性投入所形成的規模生產能力，就得不到充分發揮，投入的資金就會沉澱下來，變成了「沉澱成本」。這時候，一次性投入不僅不能降低成本，反而會增大成本。

　　所以，在追求規模經濟的時候一定要避免「規模陷阱」，只有這樣，才能真正享有規模經濟帶來的好處。

心得欄 _____

_____

_____

_____

_____

_____

◎ 每個員工都要有成本意識

在日常生活中，幾乎每個人都是有成本意識的，就算是到菜市場買菜，也常常會討價還價，因為這是需要自己付錢的。但在企業裏，因為不是關係到切身利益，所以很多員工忽視了成本的控制，從而造成浪費，增加了企業的支出。

P 公司是一家減價會員店，他們的理念就是不斷削減成本。減價會員店削減了中間商、售貨員和多餘的包裝處理。實際上，它就是一個大貨倉。顧客自助購買大批量貨物，從而得到巨大的折扣。這種方法很有效，店鋪與顧客、供應商形成一個多贏局面。

減價會員店減少包裝，使供應商少了許多麻煩，因而大大降低了價格。如果供應商拒絕，就不購進其貨物。因此，顧客在購買過程中始終有一種發現的喜悅。可能需要的並不總是有貨，不過一旦有貨，就非常划算。這種方式運作良好，使減價會員店根本沒有存貨費用。商品如果沒有接著訂貨，一般幾個星期就銷售一空。

減價會員店在進駐一個城鎮的同時開始銷售會員卡，因而這筆資金可以先用來支付會員店的建設費用。更有甚者，直到公司將早期投資 2500 美元的人們都變成億萬富翁之後的今天，公司的年報依然是用一般影印機做出來的。總經理在辦公

室還保留著他學生時期用的書架：用磚頭架著兩塊木板。

這個案例告訴我們：任何降低成本的措施都非常重要，只有將成本降到最低，出售的產品才最具有競爭力。因此，每一個企業都應該培養全員成本意識，每位職員都應該擁有清楚的「成本意識」概念，包括降低經手的各項材料成本、人工成本、製造費用、營銷費用等。

例如，一輛汽車交給司機接送員工上下班，如果司機本身對成本具有相當敏感度，他自然會注意保養工作，不致猛開快車又猛剎車，形成油料與剎車片的雙重損失。

員工要培養成本意識，首先應該從老闆的角度去思考問題，例如，錢從那裏來？應該怎麼用才能最節省？要讓全體員工意識到成本控制的必要性和合理性，從而相應地在日常工作中時刻牢記成本控制的準則，在工作過程中做出成本控制的決策。

「現代管理學之父」德魯克提出「在企業內部，只有成本可言」，傳統的成本管理只著重於企業內部的產品生產製造過程，沒有涉及企業成本發生的全過程。企業員工應提高對「成本」概念的認識，在自己的工作崗位上切實把握好成本的控制，才能達到增強競爭力和擴大市場佔有率的目標，繼而實現企業的預期利潤。

S公司是一家生產財務軟體的公司，而F印刷公司則承印軟體的說明書與文字材料。每次S公司在接到緊急訂貨時，總是不斷催促F印刷公司放下手中其他工作，專門趕印他們的說明書。

星期五快下班時，採購員李先生又給F印刷公司的業務代

表劉小姐打電話了:「請你們加急印刷,我們星期一就要提貨。」劉小姐說:「如果你們能提前一週通知我們,我們就能為你們節省一半的費用。」

而李先生回答道:「你不明白,你們那點油墨紙張的印刷費用每套的成本只有 8 元而已,而我們的一套軟體產品要賣到 500 元以上。現在我們的客戶正等著我們交貨,8 元算不了什麼,我們可不能為了節省區區 4 元而多等一天。我們現在就要!」

結果,F 公司的裝訂工廠整個週末都在加班,保證了週一按時交貨。S 公司支付了雙倍的價錢還非常滿意,但是劉小姐還是想繼續說服客戶。很多企業都會對她的建議置若罔聞,他們寧願多花錢,寧願這樣錯下去。

劉小姐對李先生說:「你們確實是在掙大錢,但是我們每月交付給你們的印刷品平均收費為 12000 元。你只要每週一花五分鐘時間,估計一下今後一、兩週的需求量,我就能每月為你省下 6000 元的加急費用。」

如果李先生有成本意識,那麼在他的工作崗位上每個月就可以為企業節省 6000 元,一年就可以為企業節省 72000 元,倘若企業裏有 100 個像李先生這樣的員工,而這些員工都培養了成本意識,該企業單純節省的成本就高達 720 萬元。

因此,每位員工都應該培養成本意識,發揚艱苦奮鬥、勤儉節約的優良傳統,嚴禁鋪張浪費、奢侈揮霍。盡自己的能力為企業增收節支,確保把錢花到實處,用在刀刃上。

◎ 讓節約成為習慣

每一名員工，都要在工作和生活中提高成本意識，養成為公司節約每一分錢的習慣。節約實際上也是為公司賺錢。

無論公司是大是小，是富是窮，使用公物都要節省節儉，員工出差辦事，也絕對不能鋪張浪費。節約一分錢，等於為公司賺了一分錢。就像弗蘭克林說的：「注意小筆開支，小漏洞也能使大船沉沒。」所以不該浪費的一分也不能浪費。

而事實上，一個具有成本意識、處處維護公司利益的人才是老闆願意接受的人。

小張和小李都是剛剛畢業的大學生，兩個人無論從知識的扎實程度，還是頭腦的靈活運用能力來說都同樣出色。他倆同時被一家很有實力的公司招了進去。

上班的第一天，經理把他們叫到了辦公室，很鄭重地對他倆說：「其實公司內部只缺一個人，主要是你們兩個都非常優秀，所以招了你們兩個，我們很難取捨。公司將在三個月的試用期結束後，宣佈誰能留下。但如果你們都令公司滿意的話，也有可能把你們兩個都留下。希望你們在這三個月裏，發揮各自的優勢，好好表現！」

這無疑給小張和小李擰緊了發條，他們都暗下決心：一定要做得比對方更出色。

三個月來，這兩個初出茅廬的小夥子暗中較上了勁。同樣是意氣風發，學有所長，他倆用各自的方式表現著自己，誰也沒有輸給誰半分。

經理也十分欣賞他們，似乎一切都表明公司會破例把兩人都留下。

但是試用期的最後一天，小張的厄運還是來了。經理很遺憾地向他宣佈他被解僱了。經理告訴他，其實他的工作一直很出色，只是他對待公司資源的態度表明，他不太適合在公司發展。

事情原來是這樣的，上個星期六的晚上，小張去了同學那兒，為同學慶祝生日，由於晚了就沒有回公司宿舍。第二天回來後，小張直奔公司的辦公樓，路上碰到了小李。小李問他昨晚去那了，還提醒他宿舍的燈亮了一個晚上，讓他回去關。小張滿不在乎地說：「麻煩死了，反正不用我交電費，不回去關了。」此話剛剛出口，經理便從他們旁邊走了過去。

小張對公司資源沒有節約意識造成了他被解僱的下場。

很自然，小李被公司留下了。

只有具有節約成本的意識，懂得為公司節約的人，將來才能為公司賺錢。

在很多企業中，有這樣一種現象，許多員工在工作中沒有節約意識，總是隨便浪費公司的紙張、筆等辦公用品。這無形中造成了企業資源的浪費，公司的收益自然也不會提高。

有這樣一家貿易公司，主營業務是小商品批發，儘管表面

生意興隆，但年終結算時總是要麼小虧，要麼小贏，年復一年地空忙碌。幾年下來，不但公司規模沒有擴大，資金也開始緊張起來。眼看競爭對手的生意蒸蒸日上，分店一家一家地開張，公司老闆張某決定向朋友求教取經。

待朋友把一筆筆生意報出後，這個老闆更納悶了：兩家交易總量並沒有太大的差距，為什麼收益相差卻這麼大呢？

看著目瞪口呆的張某，朋友道出了其中的原委。

原來，在公司員工的共同努力下，這家公司對商品流通的每一個環節都實行了嚴格的成本控制。比如：

1.聯合其他公司一起運輸貨物，將剩餘的運力轉化為公司的額外收益，幾年下來，托運費就賺了將近 60 萬元；

2.採購人員採購貨物時嚴格以市場需求為標準，使存貨率降至同行最低，每年大約節約貨物貯存費 5 萬元，累積下來將近 20 萬元；

3.與供應商簽訂包裝回收合約，對於可以重覆利用的包裝用品，待積攢到一定數量後利用公司進貨的車輛運回廠家，廠家以一定的價格回收再用，這項收入大約為每年 2 萬元；

4.為出差人員制定嚴格的報銷標準與報銷制度，儘管標準比別家略低，但公司規定可以在票據不全的情況下按標準全額支付差旅費，該項措施每年為公司節約大約 5 萬元。

在嚴格的成本控制下，不但公司節約了可見的資金，也培養了公司員工的成本意識，倡導節約、反對浪費已經蔚然成風……

　　所以，對任何一個企業來說，數量龐大的支出都需要每一位員工在每一筆很小的支出上進行節約，由此產生的效益就因其規模而顯現出來。也許每一名員工節約的錢會顯得微不足道，但對於一個企業來說，積累起來將是一筆數目不小的收益。

　　因此，作為企業的一名員工要積極主動養成為公司節約每一分錢的習慣，不要浪費公司的每一分錢，只有這樣才能夠使企業贏利，才能使自己得到一個更大的發展空間。

心得欄 ┈┈┈

◎ 幫公司節約，為自己謀福利

　　作為一名員工，如果你能夠幫公司節約資源，那麼公司一定會按比例給你報酬。也許你的報酬不會很快兌現，但是它一定會來，只不過表現的方式不同而已。當你養成習慣，將公司的資產像自己的財產一樣愛護，你的老闆和同事都會看在眼裏。

　　一位海外歸來的博士，回國後在一家公司裏工作。不久，同事們便把她看成辦公室裏的「另類」，因為她從來不用大家都習慣用的一次性紙杯和筷子，總是自備水杯和筷子；她拒絕吃用泡沫塑料飯盒裝的盒飯，總是自備餐具；別人那怕浪費一張紙她也忍受不了，總是刻意地提醒同事要注意節約，她自己更是經常拿用過一面的紙寫字和列印文件；辦公室裏的電器一旦用不著的時候，都是她主動把它們關掉。

　　同事們認為她根本沒有必要這樣做，畢竟公司的實力還算雄厚，每個月的贏利也很可觀，更何況老總也沒在這方面有更多的要求。

　　可是博士依然我行我素。幾年後，當女博士離開那家公司時，那家公司的辦公作風已經改變了：博士的那一系列原來被同事看成「另類」的行為，現在成了每位員工主動完成的事情。同事們也真正體會到了博士的可貴之處。

　　現在，公司的實力更加雄厚了，老總發現了其中的原因，

他還時時想起這位給他帶來更多利潤的博士。而那位博士已經是某家公司的總裁了。

每一名員工都應該明白，自己的工資收益完全來自公司的收益，因此，公司的利益就是自己利益的來源。「大河有水小河滿，大河無水小河乾」，說的就是這個道理。因此，幫公司節約實際上是在為自己謀福利。

喬治到一家鋼鐵公司工作還不滿一個月，就發現許多煉鐵的礦石並未得到充分的冶煉，很多礦石中仍殘留著尚未被煉好的鐵。這種情況如果一直持續下去的話，將會給公司造成很大的損失。為此，他便找到負責技術的工程師反映他所擔心的問題。然而工程師卻十分自信地講道：「我們的冶煉技術絕對堪稱世界一流，你所擔心的問題根本不可能存在。」

無奈之餘，喬治只好拿著未被充分冶煉的礦石去找公司負責技術的總工程師反映問題。聽完喬治反映的情況，出於職業的敏感，總工程師嚴肅地說道：「竟然有這種問題，為什麼沒有人向我反映？」

總工程師立即召集負責技術的工程師來到工廠檢查問題，果然發現了很多冶煉並不充分的礦石。公司的總經理瞭解了事情的全部經過之後，不僅獎勵了喬治，還提升他為負責技術監督的工程師。總經理感慨萬分地說：「我們公司並不缺少工程師，可是我們缺少對公司負責、對工作負責、為公司著想的精神，以至於這麼多工程師沒有一個人發現問題，甚至當有人提出了問題，他們還認為不會給公司帶來很大的損失而不願理睬

或不以為然。要知道，這些小問題，日積月累就會變成大問題。當它變成大問題時，給公司帶來的損失將是不可估量的。」

許多員工認為自己只是一個打工者，與公司只是一種僱用與被僱用的關係，甚至有意無意地將自己置於同老闆或上司對立的地位，總是認為公司的一切與自己無關，節約下來的一切也只是給公司節約，對自己沒有一點好處。這實在是一種錯誤的認識。雖然工作與取得報酬有直接的關係，但事實並沒有這麼簡單，如果讓這種想法控制你，那麼可以斷言，在你的職業道路上也不會有什麼好的發展。

但如果你能注意節約公司的財物，那怕只是一張小小的紙片也會給你帶來成功的機會。

一位年輕人到一家大公司應聘。當他走進辦公室時，看到門角有一張白紙，出於習慣，年輕人彎腰撿起白紙並把它交給了前台小姐。結果，在眾多的應聘者中，這位年輕人戰勝了其他條件比他更好的人，成了這家公司的正式員工。公司董事長在給他分配任務時說：「其實門角那張白紙是我們故意放的，那是對所有應聘者的一個考驗，但只有你通過了。只有懂得珍惜公司最細微的財物的員工，才能給公司創造財富。」這位年輕人後來果然為公司創造了巨大的經濟效益。當然在他給公司帶來利潤的同時，也為自己帶來了財富。

任何一家公司，必須依仗開源節流，以此來達到贏利的目的，在崇尚利潤至上的今天，每一名員工都應有一種為公司節約的意識，只有公司贏利，員工才會贏利。

◎ 樹立員工節約意識，視公司如家

對於企業能否節約成本，以及將成本節省到何等程度上這一問題，員工肯定有很大的決定權。很多企業雖制定了很好的成本壓縮制度，但沒有得到員工的支持，結果沒能取得成效。所以，要想節約成本，關鍵是員工要具備節約的品質。每一名員工要在腦海裏有這樣的意識，視公司如家。

可是，在一些公司裏仍有許多員工認為自己為公司接的每一筆業務可能會有幾十萬或幾百萬的收益，在公司裏浪費一點點是無所謂的。如果公司的每一名員工都有這樣的想法，每一名員工都只浪費一點點，那麼最後累積的數字將是十分驚人的。

一家大型企業的財務經理講述過這樣一個事實。

這家企業為了方便員工和財務部的工作，所有報銷單都採用自動複寫的特殊紙張，每張報銷單 A4 大小，成本為 1.8 元。財務部門一再強調請員工注意這種報銷單的節約，但是員工在填寫報銷單時，仍然是隨意填寫，填錯了就撕毀，重新取一張來用。

財務部曾經做過一個統計，他們拿出去的報銷單是收回的將近 3 倍，也就是說平均每位員工填寫一張正確的報銷單就浪費了另外兩張。每位員工平均一個月報銷兩次左右，這樣算下來，每位員工平均每年浪費近百元。

可能單看一個員工還不覺得是成本很高，可是 1000 多名員工每年因填寫報銷單竟然就浪費了近 10 萬元！

他們也考慮過將報銷單改為領用制，但是這樣的確不方便員工的工作，如果企業員工為了領張報銷單就要跑上幾層樓，填錯了又要跑幾層樓再次領用，這也的確太不人性化管理了。

這位財務經理痛心疾首地表示，報銷單是基本能夠計算出來浪費了多少的，但是很多其他的費用，譬如紙張、墨水、筆等卻很難精確計算出究竟浪費了多少，如果以這個比例去計算，得出的數字很可能非常驚人。

所以，無論是公司的主管還是公司的一名普通員工，都應馬上樹立自己的節約意識，要時刻督促自己：「視公司如家。」當你有這種意識後，你慢慢也會從中得到益處，相信你的上級對你同樣也會像對待自己的家人一樣地信任你、重用你。同樣的道理，如果你沒有這種意識，那麼你也得不到上級的信任。

小王和小趙兩個到一家公司應聘，一路過關斬將，進入了復試階段。招聘公司總經理交給小王一項任務，要他去指定的那家商場買一打鉛筆。距離要去的商場只有一站路，總經理建議他乘公交車去。自己買車票，回來報賬。

過了一會兒，總經理好像忘記了一件事，又吩咐小趙去那家商場買一瓶墨水。

他們兩個先後都回來了，在總經理面前報賬。小王除了買鉛筆的錢，來回坐車的錢是 20 元。而小趙除了買墨水的錢，來回坐車的錢是 40 元。

　　原來，時值盛夏，天氣酷熱，小王坐的是普通公交車，所以票價是 10 元，而小趙卻坐的是冷氣公交車，上車就要 20 元。所以，小趙的車票錢和小王的車票錢不一樣。

　　在現代社會，一個企業的興衰成敗很大程度取決於員工的節約意識，如果員工缺乏這種意識，那麼整個企業的命運也就危在旦夕。

　　只有每一名員工都將節約根植於意識中，樹立「視公司如家」的意識，公司才能在激烈的市場競爭中永遠立於不敗之地，並永遠領先於其他公司。只有公司的每一名員工都能主動去節約，公司的每一分錢才不會白花，公司的每一分錢才不會浪費，成本才能降到最低，公司也才最具有競爭力。

心得欄 ＿＿＿＿＿＿＿＿＿＿＿＿＿＿＿＿＿＿＿＿＿＿＿＿＿＿

＿＿＿＿＿＿＿＿＿＿＿＿＿＿＿＿＿＿＿＿＿＿＿＿＿＿＿＿＿

＿＿＿＿＿＿＿＿＿＿＿＿＿＿＿＿＿＿＿＿＿＿＿＿＿＿＿＿＿

＿＿＿＿＿＿＿＿＿＿＿＿＿＿＿＿＿＿＿＿＿＿＿＿＿＿＿＿＿

＿＿＿＿＿＿＿＿＿＿＿＿＿＿＿＿＿＿＿＿＿＿＿＿＿＿＿＿＿

＿＿＿＿＿＿＿＿＿＿＿＿＿＿＿＿＿＿＿＿＿＿＿＿＿＿＿＿＿

◎ 讓員工為節省成本、提升利潤而盡力

現代管理學之父彼得·德魯克曾經提出：「在企業內部，只有成本可言。」但是，傳統的成本管理只是看重於企業內部產品的生產製造過程，而沒有涉及企業成本發生的全過程。事實上，成本管理應該貫穿於企業經營管理的始終，應該涉及到所有的員工。可以說，企業中任何員工的工作都要涉及到成本，任何員工不注意，都會造成成本的上升。

另一方面，每一個員工的利益都和企業的效益休戚相關，對員工來說，只有企業贏利了，個人才能有更大的發展空間，才能得到更大的回報。正所謂「一損俱損，一榮俱榮」。

所以，企業中所有的部門和員工都應該全力以赴為公司賺錢而努力，同時，公司只有依賴群策群力，充分發揮群體的智慧，才能更好地節省成本、賺取利潤。不過，如何能讓每一個員工都能為節省公司成本、提升公司利潤而努力，就是管理者的重要工作了。

經濟學中有一個經濟人的概念，指的是時刻追求自身利益最大化的人。它雖是一種理論抽象，卻是對人性的最普遍反映。在經濟領域，人的這種特性就表現得更加明顯。

我們決不能認為追求個人利益就是自私的，因為這不僅是人的

本性，而且也是經濟學賴以存在的基礎，是社會和企業發展的動力。總是希望自己的利益最大化，這便是現實中的經濟人，更是現實中的人、企業中的人。

對於企業中的員工來說，追求自身的利益也是非常正常、非常現實的，管理者只能對其引導，決不能反對。對於節省企業成本而言，如果員工看不到對自己的利益有什麼好處，他就不可能非常積極。所以，如果管理者只知道三令五申地讓員工為企業的利益著想，注意為企業節約，卻不對員工進行任何獎勵，最後的結果很可能是嘴皮子磨破，成本還是降不下來。

只要為公司節省了成本，公司就會及時地予以獎勵，讓員工看得見企業給他的好處。這樣一來，員工為企業節省成本的意識自然就提高了，其他員工也一定會效仿。

日本的本田公司，為了節省成本，向公司的廣大員工徵求意見。凡是意見合理、效果顯著的，公司採納的同時，會及時給予該員工獎勵。於是，本田節省成本的各種千奇百怪、難以想像的方法就紛紛出台了。有的員工建議吃午飯時把全部電燈關掉；有的員工建議在衛生間抽水馬桶的水箱裏放上幾塊磚頭，以緩解水流速度、節約用水量；還有的員工甚至繼續建議：可不可以第一個員工上完廁所後先不沖，等第二個員工再上完的時候再沖？一次沖兩個人的，不是又可以節省一半的成本了嗎……

也許這只是個笑話，不過卻給管理者帶來了一個很好的啟示：激發全體員工的積極性，讓每一個員工都積極為公司出謀劃策，往往可以得到很多簡單、實用的節省辦法。三個臭皮匠，還要頂個諸

葛亮，何況這麼多員工！

　　當然，也正像愛普生公司的總裁所說，節約下來的錢也許微不足道，但是這樣可以幫助員工樹立樸素求真的觀念和作風，這對整個公司來說才是最重要的。

　　而管理者激發員工積極為公司出謀劃策的關鍵，還是在於要及時給予獎勵。無論建議是否採納，首先要對員工表示感謝；對採納的建議，應該根據貢獻的大小及時獎勵，最好是物質獎勵和精神獎勵並重。

　　每一個人都能用心去創造，切實為企業利益著想，那就意味著企業在各個層次都將產生巨大的凝聚力。盤活企業，首先盤活人。如果每個人的潛能發揮出來，每個人都是一個太平洋，都是一座喜馬拉雅山，要多大有多大，要多深有多深，要多高有多高。

　　任何一個團體或組織的存在都是為了價值的提升，每一個人都是一個利潤中心，都必須為企業節省成本、創造利潤。不給企業節省成本的人最終會成為企業的包袱。如果這樣的包袱過多，任何企業的利潤都別想輕易提升。

◎ 微利經營，拼的就是節約

　　在這個充滿競爭的時代，幾乎所有的企業都將面臨或已經面臨微利的挑戰。微利時代的到來是一種必然，經濟全球化使企業之間的競爭越來越激烈，企業面臨的生存形勢也越來越嚴峻。對於一個企業來說，企業經營的最終目的就是贏得利潤，因為利潤是企業生存的關鍵。然而企業的利潤和成本密切相關，當今有效地降低運營成本已經成為多數企業競相追逐的目標。因此，在利潤空間日趨狹窄的情況下，誰的成本低誰就可以獲得生存和發展。

　　現在，企業之間的競爭越來越激烈，勞力與生產資料成本越來越高，企業之間在產品、技術、設備等方面的同質化傾向越來越強、差異性越來越小，產品供大於求的現象日益突出，企業的利潤率越來越低，企業經營早已經進入微利時代。

　　在微利時代，單純地靠提高價格來消化高成本已經是不可行，只有精打細算，努力減少支出、節約成本才是最佳選擇。這關係到企業的生死存亡。

　　從企業經營的角度來說，企業經營的最終目的是營利。利潤是企業賴以生存的生命線，是企業生存的關鍵。沒有利潤，企業只能是破產。在低價微利的市場環境下，企業不能再採取降低價格的競爭手段，否則只能使利潤越來越少，面臨虧損。

　　從成本的角度來說，在微利時代，就是拼成本。成本降低，就

能夠獲得高於市場平均水準的收益，就能營利，就能增強應對市場變化的能力。而要降低成本，就要提高成本意識，採取措施，屬行節約。

對顧客來說，那家企業能提供質優價廉的產品，顧客就能持續地買那家企業的產品。產品不愁銷路，企業利潤就有保證。

一些效益好的企業都非常重視成本的節約。例如：日立公司在開展節約運動時曾提出「1 分鐘在日立應看成 8 萬分鐘」的口號，意思是說，一個人浪費 1 分鐘，日立公司的 8 萬多名員工就要浪費 8 萬多分鐘。按每人每天 8 小時計算，8 萬分鐘就相當於一個人勞動 166 天，每個人浪費一點，累積起來就會給整個公司帶來巨大浪費。

拒絕節約就是拒絕財富，財富往往就藏於節約之中。不注意節約、浪費過度，可以說是長期影響和困擾企業做強、做大、做久的一種痼疾，所以，節約是關係到企業命運的一件大事。

節約是財富積累和企業生存、發展，壯大的基本條件和內在要求。有人說「會省就是賺」，任何一家企業，要想不斷取得競爭優勢，創造出更大的經濟效益，就必須堅持節約、降低成本，爭取用盡可能少的投入獲得盡可能多的產出。

所以說，面對日益嚴重的能源危機，面對嚴重的浪費現象，面對這樣一個微利時代，企業要生存，就要注意提高自己的節約意識，樹立自己的節約精神。

百安居家居裝飾建材連鎖店，是世界 500 強企業之一，是擁有 30 多年歷史的大型國際裝飾建材零售集團。

　　百安居何以能在競爭如此激烈的市場中獲得這麼高的利潤呢？原因在於他們深知節約的奧妙，時刻注意用節約來提高自己的效益。百安居總經理用的簽字筆價格僅為 1.5 元，很多人都不相信這是事實，但只要到過百安居的人都會知道，百安居從領導者到普通員工都很注重節約。

　　百安居有著非常詳細、嚴密的制度，他們正是通過這些制度，從費用細化、財務預算、操作規範等各個方面來控制自己的成本。對於各項開支，百安居都有一套成型的操作流程和控制手冊。該手冊從電、水、印刷品、勞保用品、電話、辦公用品、設備和商店易耗品等 8 個方面提出控制成本的方法。

　　在這項制度中，百安居甚至將用電的節約程度規定到了以分鐘為單位。用電時間控制點從 7：00 到 23：30，依據營業時間、配送時間、季節和當地的日照情況劃分為 18 個時間段，相隔最長的 7 個小時，相隔最短的僅有兩分鐘。

　　預算與計畫建立了節約的標準，很好地控制了企業的成本。在百安居的運營報表上記錄著 137 類費用單項。其中，可控費用（人事、水電、包裝、耗材等）84 項，不可控費用（固定資產折舊、店租金、利息、開辦費攤銷）53 項。儘管單店日銷售額曾突破千萬元，但是其運營費用仍被細化到幾乎不能再細的地步，有的費用項目甚至半月預算不到 100 元。

　　百安居每一項費用都有年度預算和月計畫。財務預算是一項制度，每一筆支出都要有據可依，執行情況會與考核掛鈎。每個月、每個季度、每一年都會由財務匯總後發到管理者的手

中，超支和異常的數據會做出特別的標示。在公司的會議上，相關部門需要對超支的部份做出解釋。

正是由於有了這種嚴格控制成本的制度，當百安居的總經理要將自己所買筆的價格控制在預算內時，他也就只好買 1.5 元一隻的普通簽字筆了。

節約每一分錢的經營策略，使得百安居能夠獲得較高的利潤。正是這種強烈的節約意識，使百安居的運營費用佔銷售額的百分比遠低於同行。和百安居同樣規模的企業，銷售額只有百安居的一半，運營成本卻比百安居多出一倍。成本相差如此之多，利潤差異自然就在不言中了。

一個如此看重節約的企業，在微利時代，怎麼可能會倒下，怎麼可能不獲得利潤呢？在這樣一個毛利率比較低的時代，戴爾公司同樣也是一個成功的典範。

為了降低成本，戴爾公司推行了強制性成本削減計畫，要求在業績上台階的同時，把運營成本降下來。戴爾公司採取雙重考核指標，讓各部門、各分支機構既要完成比較高的業績指標，又要持續地降低運營成本。原本被很多人認為這是不可能的事情，在戴爾公司卻要不折不扣地執行。2001 年戴爾計畫在未來兩年到兩年半的時間裏，要壓縮 30 億美元的支出，這意味著其近 3 年時間內要壓縮相當於經營成本的 10%，即年均壓低運營成本 3%以上。

戴爾公司給經理人的任務是「更高的利潤指標，更低的運營成本」。為確保合理的利潤回報，戴爾公司要求下屬機構在

2001 年將運營成本壓縮 10 億美元。當時降低成本的主要措施是裁員和出售不符合戰略的業務。2002 年，戴爾公司又下達了 10 億美元削減成本計畫，這次削減成本的重點方向是運營流程等方面。戴爾公司總部給其客戶中心下達了在外人看來不能夠完成的任務，這個任務的難度在於基數本來就很小，1998 年戴爾公司在建廠的時候，運營成本只有 IT 廠商平均水準的 50% 左右。在最近幾年間，戴爾公司生產流程中的技術步驟已經削減了一半。而戴爾的工廠每年都很好地完成壓縮成本的任務。到 2003 年戴爾工廠的運營成本跟 1998 年剛投產時相比，只有當初的 1/3。而 2004 年財務報告顯示，就其最新的一個季度而言，戴爾的運營收入達到了 9.18 億美元，佔總收入的 8.5%；而運營支出卻降到了公司歷史最低點，僅佔總收入的 9.6%。2004年，戴爾廈門工廠在產品運輸方面採取措施來降低成本，每年又節省 1000 多萬美元。

戴爾靠什麼贏得市場？有的說是靠直銷；有的說是靠供應鏈的快速整合。實際上，戴爾贏得市場的根本武器是靠節約來降低成本。

這就是一個在微利時代，本著節約的精神鑄造出的輝煌的戴爾。

在市場競爭以及職業競爭日益激烈的今天，節約已經不僅僅是一種美德，更是一種成功的資本，一種企業的競爭力。節約的企業，會在市場競爭中遊刃有餘、脫穎而出。節約是利潤的發動機。只有節約，企業才能生存。在微利時代，企業只有一種必然的選擇：節約！

◎ 沃爾瑪公司相信節約才能成為永遠的贏家

在微利時代，每個企業都自覺或不自覺地把節約作為自己的追求。因為，只有節約才能成為永遠的贏家。

沃爾瑪作為全球最大的零售企業，銷售額年年都突飛猛進。發展到今天，它已經擁有了 2000 多家沃爾瑪商店、將近 500 家山姆會員商店和 200 多家沃爾瑪購物廣場，遍佈在世界的許多國家和地區。在美國《財富》雜誌每年一次的全球 500 強排名中，沃爾瑪已經連續好幾年榮登榜首了。自 1950 年成立以來，短短 50 多年時間，沃爾瑪就發展到了如此之大的規模，這完全可以稱得上是世界零售行業的一個奇蹟。然而，已經輝煌的沃爾瑪仍然在以不可估量的速度飛速前進著。

沃爾瑪是以它的「全球最低價」而聞名世界的，這是沃爾瑪的核心競爭力所在。「幫顧客節省每一分錢」是沃爾瑪提供服務的宗旨，也正是因為它的承諾，沃爾瑪才會受到消費者的青睞。在沃爾瑪的商店裏，大到家用電器、珠寶首飾、汽車配件，小到布匹服飾、藥品、玩具以及各種日常生活用品等，一應俱全。這裏商品的價格肯定是最便宜的，而商品並沒有因為價格便宜在質量方面大打折扣。沃爾瑪之所以能夠做到最低價，其中一個重要原因，就是成功

制定並正確實施了成本領先戰略，拼命地降低自己的成本，節省了一切不必要的開支。

沃爾瑪對成本費用的節約理念貫徹得最為到位。在沃爾瑪，從來沒有專業用的複印紙，都是廢報告紙的背面，所有複印紙必須雙面使用，否則將受到處罰；除非重要文件，沃爾瑪從來沒有專業的單打印紙；沃爾瑪的工作記錄本，都是用廢報告紙裁成的。

沃爾瑪的很多分店為員工準備了免費純淨水，但不準備紙杯；有的店在員工餐廳配有電話——當然是投幣電話；在多數的連鎖店，專供員工使用的洗手間根本沒有卷紙，更不會有香皂，很多情況下，員工們用來洗手的都是部門不能銷售的洗手液、沐浴露，甚至洗衣粉。

在沃爾瑪的連鎖店裏，家電區一個小角落裏經常會有一個寫有「總經辦」3 個小字的辦公室。這是一個寬只有 3~4 米、長 10 米左右形狀的不規則房間。最裏面用文件櫃隔出一個大約幾平方米的區域，擺上一張桌子和一排文件櫃，就是總經理辦公的地方，對面是常務副總的桌子。文件櫃另一邊就是其他人工作的地方。左右兩邊各有一排長長的桌子，2 個秘書，2 個行政部工作人員，還有 4 位副總經理全都擠在這片狹長的空間內。

樓面很忙，總經理和副總在辦公室出現的時間很少超過半小時，基本僅限於開會、處理顧客投訴或者與員工談話等幾種情況。所以，唯一能夠證明這是他們辦公地點的就只有他們的抽屜和文件夾。總經辦的會議一般都是站著開的——因為椅子

不夠用；即便夠，由於空間有限，也只有讓位於人。

一個超萬平方米大超市的所有主管就擠在這樣的辦公室辦公！辦公室裝修是非常簡陋的，沒有吊頂，辦公室只用隔板隔開，這麼做的唯一目的，就是為了節約！

沃爾瑪公司的名稱也充分體現了沃爾頓的節儉習性。美國人習慣上用創業者的姓氏為公司命名。沃爾瑪本應叫「沃爾頓瑪特」（Walton Mart，Mart 的意思是「商場」），但沃爾頓在為公司定名時把製作霓虹燈、廣告牌和電氣照明的成本等全都計算了一遍，他認為省掉「ton」三個字母可以節約一筆錢，於是只保留了「WAlMART」七個字母——它不僅是公司的名稱，也是創業者節儉品德的象徵。沃爾瑪總店的管理者們對老沃爾頓的本意心領神會，他們沒有把 WALMART 譯成「沃爾瑪特」，而是譯成了「沃爾瑪」。一字之省，足見精神。如果全世界 4000 多家沃爾瑪連鎖店全都節省一個字，那麼整個沃爾瑪公司在店名、廣告、霓虹燈方面就會節約一筆不小的費用。

沃爾瑪對於行政費用的控制可謂達到極致，在行業平均水準為 5% 的情況下，沃爾瑪整個公司的管理費用僅佔公司銷售額的 2%。也就是說，沃爾瑪一直用 2% 的銷售額來支付公司所有的採購費用、一般管理成本、上至董事長下至普通員工的工資。為維持低成本的日常管理，沃爾瑪在各個細小的環節上都實施節儉措施。另外，沃爾瑪的高層管理人員也一貫保持節儉作風，即使是總裁也不例外。首任總裁薩姆與公司的經理們出差，經常幾人同住一間房，平時開一輛二手車，坐飛機也只坐

經濟艙。可以說,沃爾瑪一直想方設法從各個方面將費用支出與經營收入比率保持在行業最低水準,這就使得沃爾瑪在日常管理方面獲得競爭對手所無法抗衡的低成本管理優勢。

節約在沃爾瑪已經上行下效,蔚然成風。曾是美國最富有的沃爾頓當年寫道:「答案很簡單:因為我們珍視每 1 美元的價值。我們的存在是為顧客提供價值,這意味著除了提供優質服務之外,我們還必須為他們省錢。如果沃爾瑪公司愚蠢地浪費掉 1 美元,那都是出自我們顧客的錢包。每當我們為顧客節約了 1 美元時,那就使我們自己在競爭中領先了一步——這就是我們永遠要做的。」

現在,這句話已經成為沃爾瑪的一條「鐵律」。節儉之道使得沃爾瑪在創造財富的同時,也在不斷地積累財富;在不斷降低成本的同時,又能夠更多地讓利顧客,做到天天平價,從而為自己贏得了競爭優勢。

沃爾瑪之所以成為市場競爭中的大贏家,我們不難看出那是因為在公司上上下下,不管是領導者還是普通員工的所有人員的共同努力節約下而實現的。

所以,員工的節約意識在公司的發展中,有著至關重要的作用,只有我們意識到這一點並且努力去做,我們才會使自己的發展平台成為永遠立於不敗之地的大贏家。

◎ 戴爾電腦公司如何減少原料庫存

一般生產企業的物料成本往往佔整個生產成本的 60%左右，但這只是有形成本。至於隱形成本，是指物料的儲存管理成本。物料儲存管理成本是指從物料被送進公司開始，到成為成品賣出去之前，為它們所投入的各種相關管理成本，如倉庫管理人員的薪資、倉庫的租金或折舊、倉庫內的水電費、利息、管理不當所造成的耗損、表單等等。

根據專家的研究發現，物料儲存管理成本約佔物料有形成本的25%左右。物料本身的成本已經夠沉重了，如果管理不好，所造成的影響不堪設想。所以，物料的庫存可以說是企業管理的重心所在。

降低庫存量，物料週轉率就會提高，資金週轉隨之加快，積壓減少，利用率就提高。貨物存量過多或過少都不合適，存量過多會使資金積壓，且存貨儲備成本加大；存量過少，材料供應跟不上，容易造成停工待料，不能滿足客戶的要求。所以，庫存成本控制的關鍵是「重要的少數」。

在買方市場的條件下，W企業利用社會資金為我所用，保證供應，對部份有規律的消耗品種實行「零庫存供料」，具體做法有兩種：

1. 對部份距離公司較近，且不會立即危及生產的品種，由供貨方按 W 公司要求保持一定數量的成品庫存，根據 W 公司的書面通

知，直接將貨物送到使用地點，驗收合格後辦理出入庫手續進行結算。

2.對部份必須保持一定庫存儲備的零散用料及關鍵品種，通過招標或比質比價方式，確定供貨廠商，簽訂零庫存供料協議書，由供貨方在我公司倉庫存放一定數量的產品，由我公司代為保管，所有權仍歸供貨方，適用後再辦理出入庫手續結算，消耗多少結算多少，不用則由供貨方提回。

這樣既保證了供應又降低了儲備資金的佔用，同時也避免了因計畫不準等造成的庫存積壓，此項措施實施幾年來，效果非常明顯，每年平均減少儲備資金佔用近 100 萬元。

要減少庫存量，應根據資金週轉率、儲存成本、物料需求計畫等綜合因素計算出最經濟採購量。還要合理安排好倉儲，因為貨倉是連接生產、供應、銷售的中轉站，應最大限度地合理利用儲存空間，儘量採用立堆的方式，增加空間，提高庫位使用率，降低儲備成本。

另外，還要做好呆廢料的預防與處理工作。物料一旦成為呆廢料，其價值就會急劇下降，而倉儲管理費用並不因為物料價值下降而減少。所以要及時處理呆廢料，做到物盡其用，節省人力，節約倉儲空間。可以通過修改再利用、借產品設計消化庫存、打折出售、與其他公司以物易物等途徑解決。但預防重於處理，應加強業務部與生產部的協調，增加生產計畫的穩定性，妥善處理緊急訂單，儘量減少呆料的產生。

同時，採購管理部門要把握好物料申購、訂購時機，減少乃至

避免呆廢料現象的發生，最大限度地降低物料成本。

　　Dell 電腦採取按訂單生產的模式，控制原材料和零配件庫存是焦點。一般情況下，包括手頭正在進行的作業在內，其任何一家工廠裏的庫存量都不超過 5~6 個小時的出貨量。這種模式，就是 JIT（Just In Time）方式，即以最準時、最經濟的生產資料採購和配送滿足製造需求。

　　零庫存，即沒有資金和倉庫佔用，是庫存管理的最理想狀態。然而，由於受到不確定供應、不確定需求和生產連續性等諸多因素的制約，企業的庫存不可能為零，基於成本和效益最優化的安全庫存是企業庫存的下限。但是，通過有效的運作和管理，企業可以最大限度地逼近零庫存。

心得欄 _____

_____

_____

_____

_____

_____

◎ 思科公司堅信花公司錢，要像花自己的錢

　　思科是赫赫有名的跨國 IT 企業，年營業額近 200 億美元，僅 2004 財年贏利就高達 19 億美元，說是財大氣粗一點都不過分。人們普遍認為，思科的成功是由於他們在正確的時間進入了正確的市場。然而，這一切並不完全是好運氣的結果。「客戶權益倡議」、「團隊建設」和節儉等企業管理文化為思科的發展奠定了堅實的基礎。

　　思科的節約到了近乎「摳門」的程度。提倡節儉已經成為思科的企業文化，公司從 1984 年 12 月誕生起就在不斷強調這種理念。公司董事長約翰·摩格里奇的格言就是：「花思科的錢，要像花自己的錢！」

　　在思科總部一間辦公室的牆壁上，掛著一幅從報紙上剪下的幾幅漫畫。漫畫中有兩個人物，一個被吊在天花板上接受審問，另一個站在下面大發雷霆地訓話。

　　第一幅，下邊的人張大嘴巴問道：「不是定好出差伙食費控制在 10 美元內嗎？為什麼超標？」

　　第二幅，下邊的人還在發怒：「早就和你說了，開車時順手捎帶一隻鴿子，到旅館後用電熨斗把毛燙掉吃下去，省點錢。」

　　第三幅，上邊的人小聲地嘟囔著：「我確實照辦了，但電熨

斗燙毛的速度太慢。」下邊的人大喊:「為什麼不把它調到最大擋呢?」

漫畫旁邊的解釋說,這名被吊者象徵著思科員工,那名憤怒的人就是思科的總裁約翰·摩格里奇。思科近乎「摳門」的節儉在這幅漫畫中表露無遺。

不過,思科節儉的實際情況和漫畫比起來,也差不了許多。為了節約成本,思科把網路技術充分運用到客戶服務中去。據統計,思科公司的客戶 82%的訂單通過網上下達,85%的客戶支援通過網路進行。通過互聯網,從訂貨到發貨的週期縮短了 5 個星期,訂單出錯率也從 33%下降到 2%。在客戶服務方面,互聯網技術為思科節約了 9.2 億美元。總裁錢伯斯曾說,通過網路提供技術支援,可以減少 1000 名技術支援工程帥,這些人力資源投入到開發新產品上,使公司獲得了極大的競爭優勢。其實在這裏,在成本節約的同時,是公司給客戶帶來了高效率的服務體驗。

對外,思科在網上可以幫助客戶解決一切問題;對內,思科幾乎把所有的會議和培訓都搬到了網上。思科很少舉行部門會議,大概一個月一次,因為平時有什麼事情都通過電話會議解決。一部 IP 電話可以召集多人會議,公司各個地方的人可以隨時聯繫,那種為了開會隔一兩個月就要飛來飛去,花費大量差旅費的情況在思科公司根本不存在。

對於思科來說,利用網路的意義並不僅僅局限於節約多少人力成本,更重要的是釋放了更多人力去做更高層次的工作。這一點從思科公司銷售和財務情況的轉變即可證明,思科公司原來的銷售人

員有 65%的人在跟蹤每一筆交易，35%的人在分析市場競爭情況。大部份時間用在了非銷售環節，比如跟蹤訂單、拜訪客戶路上耽擱的時間等，財務人員也都疲於交易流程的處理，這樣根本沒時間做更深層次的分析工作，而這恰恰是成長型公司最需要的。現在這種狀況正好相反，員工在網上就可以輕鬆瞭解客戶的一切資訊，銷售人員可以把大部份精力放在制定更好的銷售策略上。

思科公司還專門為管理人員設計了一套基於網路的「員工管理程序」。這套程序把管理人員要做的很多事自動化，並鏈結到一個俗稱為「管理儀錶板」的螢幕中，管理人員可以從中看到每一名下屬的「帳戶」，其中包括該名員工的工資、獎金、培訓記錄、累計假期、歷史業績及其他個人資料。通過這些帳戶，管理者既能對部下進行個別考核，又能把他們作為一個整體進行評估。僅此一項思科每年就可以節省 700 多萬美元的管理成本。

根據思科的規定，為了控制支出，包括董事長摩格里奇和總裁錢伯斯以及其他所有公司高層人員在內的思科所有員工，出差都要遵循統一的標準，只能坐經濟艙，住低價酒店。如果要升艙和住好一些的酒店，電腦會自動將超標部份從員工的工資中扣除。思科還實現了差旅支出系統自動化，滑鼠一點就可報銷。思科與美國運通公司合作，為每個員工辦了一張運通卡。當員工出差時，他們會訪問公司內部網的差旅站點─思科旅行網，線上預訂機票和酒店，費用會自動從他的運通卡內扣除。當員工出差歸來後，他再次訪問思科旅行網，採用一個叫做 METRO 的應用程序，生成一個差旅支出報告。這份支出報告以電子郵件的形式自動發給該員工的上級。隨

後，思科會馬上向該員工的運通卡自動支付差旅費用。互聯網技術幫助思科公司省了不少錢。據統計，由於網路技術的廣泛運用，思科在 2000 財年節省了 14 億美元，隨後 4 個財年分別節省 17 億美元、19.4 億美元、21 億美元和 22 億美元。

為了節省通信費用，思科在公司內部建立了一種基於網路的「軟電話系統」。思科公司內部使用 Soft Phone，公司全球各地通電話都是免費的。因此公司鼓勵員工使用內部的撥號系統，如果你在聖何塞思科總部要給三藩市的同事打電話，不撥當地的區號，而是撥 8863 加同事的分機號。如果你到國外出差，聖何塞思科總部的同事打電話到你的座機，你可以通過安裝在筆記本上的軟電話接聽，實際上就是座機到座機的費用，沒有任何長途費用的發生。公司上下都極力提倡這種方式，如果不同國家的同事開電話會議，大家也會相互提醒要使用軟電話進行通訊。即便如此，思科還是不斷提醒員工節約電話費。思科公司的工程師和經理每月頭一天上班查看郵件時，都會收到網路系統自動生成的一封短信，上面寫道：「您上個月的電話費花了××，您目前在公司的排名是第××位。」公司的每一個員工在月初時都會收到這樣的郵件，提示自己應該節約電話費了。

在思科，節約不僅體現在客戶服務和員工管理等大的方面，也體現在同常生活的每一個細枝末節上。在思科總部的自助餐廳和員工休息室的牆上，到處都張貼著名目繁多的「省錢技巧」。比如，打印紙要用雙面列印；每人每天少喝一瓶飲料，公司一年便可節約 240 萬美元；乘坐協定公司的航班，每張機票平均可節省 100 美元，

把會議地點定在思科會議中心，比在酒店更便宜等等。

在思科，所有電腦都用同一個品牌。優勢是可以集中採購，降低單個採購的成本。更為重要的原因是，這樣可以用一個標準的配置解決所有電腦的安裝，如果有兩個型號就要做兩個安裝系統，今後的維護成本也會非常高。

儘管思科總部的辦公樓、實驗樓有好幾十座，而公司領導人卻只佔其中一隅。從董事長摩格里奇和總裁錢伯斯以及其他所有公司高層人員，都只有一間背陰的小辦公室，都不過 6 平方米，外帶一間小會議室，裏面放幾把椅子，與普通員工的辦公室一樣大小。

為了保證高效率，負責行政的 WPR 部門會派人考察每個人的上座率，比如一天考察 5 次，如果發現員工只有 1 次在位置上，那麼就沒有必要給他固定座位。因為在整個思科公司都可以無線上網，每個員工有一台筆記本，座位自然不是必需品，如果你需要，在家辦公也是一樣，在家辦公可以節約耽誤在路上的很多時間。另外，沒有了固定位置，也就沒有了存放東西的必要，也就節省了櫃子和紙張。

為了控制不必要的支出，思科甚至不惜「怠慢」來賓。來自世界各國的行業、金融分析師們遠道來到思科參觀，往往發現這裏的午餐簡單得驚人，只是盒飯——計有三明治兩片、蘋果一個、巧克力和點心各一塊。

思科重視培養員工自覺地為公司節儉，他們通過提高員工的節儉意識來培養思科的節儉精神。思科公司員工的工資也高於業界的平均水準。員工自己說，雖然不是最高的，但也是在工資水準的前

三分之一的梯隊之中。而且思科三萬多名員工，個個都有公司股份，公司「摳」出效益，大家都受益。

近似「摳門」的節儉為思科節約了大量的資金。僅 2003 年，思科通過各種手段降低的開支高達 19.4 億美元，相當於一年的利潤。

當然，作為一家世界級的大企業，思科也有不「死摳」的時候，對於技術投資，思科從來就不會小氣。在行業不景氣的情況下，公司 2003 財年仍將 33 億美元資金投入研發；公司會投入上百萬美元進行員工培訓，以在行業好轉的時候迅速拉開和競爭對手的差距。

所以，思科「摳門」並不是沒有目的的，當花則花，能省必省，一切為企業發展。

心得欄 _____

_____

_____

_____

_____

_____

◎ 西南航空公司為什麼贏

　　產品成本水準的高低要充分考慮顧客的需求狀況，成本的多少很大程度上由顧客決定、由企業控制，這樣顧客才會滿意地接受企業的產品和服務，企業才會在市場中贏得競爭優勢。現代行銷理念不斷發生變化，「成本由顧客決定」就是其中很重要的變革，也就是說企業的成本水準一定要考慮到顧客的接受程度。

　　20 世紀 90 年代以來，美國航空業處於一片慘澹經營的愁雲中，成立於 1968 年的美國西南航空公司卻連年盈利。1992 年美國航空業虧損 30 億美元，西南航空公司卻盈利 9100 萬美元。2001 年美國航空業總虧損為 110 億美元，2002 年上半年美國航空公司虧損 50 億美元；2001 年和 2002 年上半年世界最大航空公司美洲航空公司分別虧損 18 億美元和 10 億美元；2002 年美國聯合航空公司申請破產保護。在市場一片蕭條的情況下，美國西南航空公司的所有飛機卻正常運營，全部職員正常工作，財務上持續盈利，現金週轉狀況良好，被人們喻為「愁雲慘澹中的奇葩」。

　　美國西南航空公司為何取得如此驕人的業績？西南航空公司能夠異軍突起，成為航空界的明星，秘訣在於公司長期奉行獨出心裁的成本管理理念和策略。在美國國內航空市場上，西南航空公司的成本比那些以「大」著稱的航空公司低很多。以 1991 年第一季度為例，西南航空公司每座位千米的運營成本比美國西方航空公司

低 15%，比三角洲航空公司低 29%，比聯合航空低 32%，比美國航空低 39%。這些數據很能說明西南航空公司的競爭優勢。

許多實力雄厚的競爭對手不是不想在成本上和西南航空公司爭個高低，將票價降到和西南航空公司相近或持平的程度，但他們一旦把票價降到西南航空公司的水準上，令他們無法承受的巨額損失就會壓得他們喘不過氣來。

為什麼這麼多實力雄厚的大航空公司都不能把成本降下來呢，而西南航空卻可以憑藉低廉的票價獨步江湖呢？它究竟是怎樣將成本降下來的呢？西南航空公司的低成本有多方面的原因。

美國西南航空公司面對的顧客群體主要是小公司的商務人員和個人旅行者，他們乘坐飛機時的一個重要要求就是低票價，低票價的前提是公司的成本水準要低、成本要控制得好。因此，西南航空公司根據顧客追求的核心利益對運營活動進行了適當調整，在顧客認可和接受的條件下，削減了一些服務項目，在各環節控制成本，與顧客一起努力實現「低成本、低票價」的雙贏目標。

美國西南航空公司成本管理十分突出的特點之一就是「活動導向」，成本的控制是在飛機定型、飛機採購、售票、票務辦理、登機、飛行過程等具體環節中實現的。

為了節省資金，西南航空公司擁有的 400 多架飛機，全部都是最省油的波音 737，這種狀況對降低成本十分有益。相對而言，波音 737 是最省油的機型，運營過程中可以節約燃油成本。還有一點，公司的所有飛機機型都一樣，這樣可以實施較大批量的採購，增強了採購過程中討價還價的能力，較高的採購折扣率降低了飛機

的採購價格，控制了飛機的原始成本，減少了企業經營過程中的折舊費用。

全部採用同一種機型，還能夠降低公司駕駛員和維修人員的培養、培訓成本，又提高了駕駛和維修的品質。統一採用波音737，極大地降低了航空公司零件的儲存成本，一家航空公司為單一機型飛機儲備經營過程中所需更換零件的成本比為多種機型儲備更換零件的成本要低得多。

統一機型為公司的標準化管理提供了基礎，既降低了公司的管理和運營成本，又提高了管理和服務的品質，有利於公司控制自己的經營品質，塑造自己的品牌形象。波音737比較適合短途運輸，在安全有保障的條件下，能夠保證公司擁有較高的上座率，這樣間接地降低了公司的運營成本。對航空公司而言，低上座率的飛行會導致最高的成本。

為了降低成本，西南航空大力減少中間環節，節約開支。他們通過流程變革，減少公司對代理商支付費用，杜絕將中間環節的費用轉嫁給消費者，「將折扣和優惠直接讓給終端消費者」。他們採用通過電話或網路訂票，以信用卡方式支付，不通過旅行社售票，儘量消除代理機構，減少和取消代理商售票，避免代理環節的費用開支；不提供送票上門服務。這樣既降低了公司的成本，又給顧客帶來了利益。訂票過程的優化設計極大地降低了西南航空公司的經營成本。

為了最大程度的節省成本，西南航空公司甚至連機票的費用都給省下來了。該公司根據乘客到達機場時間的先後，在乘客到達機

場服務台報出自己的姓名後,給乘客打出不同顏色的卡片,顧客根據顏色不同依次登機,然後在飛機上自選座位。這種設計既降低了機票製作成本,又提高了乘客登機的效率,使該公司辦理登機的時間比其他航空公司快 2/3,節約了票務辦理和登機的時間,減少了飛機在機場的滯留時間,有效地控制了公司租用機場的費用,為西南航空剩下了一筆不小的開支。

飛行過程的良好設計控制和降低了公司的整體成本。公司提倡「為顧客提供基本服務」的經營理念,飛機上不設頭等艙。這樣的變化可以在飛機上增設經濟艙位 15 個(頭等倉的座位為 3 排×3 個=9 個,改為經濟倉的座位為 4 排×6 個=24 個),這充分利用了飛機空間,間接地降低了公司的經營成本。不僅如此,由於取消餐飲服務,機艙內衛生比較乾淨,飛機著陸後的清潔時間減少 15 分鐘,這樣減少了飛機在停機坪的停留時間,增加了飛行時間。由於西南航空公司在登機、清潔和行李轉機服務方面效率提高、時間節省,在同航線上其他航空公司的飛機每天飛行 6 趟的情形下,該公司的飛機可以飛行 8 趟,極大地提高了飛機運行效率,從整體上降低了公司單位收入承擔的運營成本。此外,由於飛機上取消餐飲服務,只為顧客提供花生米和飲料,騰出了飛機上為此項服務佔用的空間,為此飛機上又可以增加 6 個座位,這樣也間接地降低了公司的運營成本。

由於飛機飛行過程中的一些改革,使得飛機上服務人員的數量也不需要太多,西南航空將服務人員從標準的 4 人減少了 2 人,人員的減少對成本降低的作用十分明顯。航空公司算過這樣一筆賬:

1 位服務人員的年薪在 5 萬美元左右，假定 2 人的年薪為 10 萬美元，員工的工資一般僅為用於員工全部成本的 1/5 左右，可見，減少 2 個人每年公司就可減少 50 萬美元的開支，10 年就可減少 500 萬美元的開支，一項小小的改革就為西南航空節省下了幾百萬美元。

美國西南航空公司堅持「低成本、低價格、高頻率、多班次」的經營理念，以「為顧客提供基本服務」為出發點，在經營過程中遵循「絕不多花一分錢、絕不多浪費一分鐘、絕不多僱用一名員工」的原則，奉行「斤斤計較」的成本管理理念，在企業內部全面實施成本領先的競爭戰略取得了顯著的競爭優勢。美國航空業每英里的航運成本平均為 15 美分，而西南航空公司的航運成本不到 10 美分；從洛杉磯到三藩市其他航空公司的票價為 186 美元，西南航空公司的票價僅為 59 美元。西南航空公司所有航班的平均票價僅為 58 美元！西南航空公司的低成本經營為其持續盈利創造了條件。

低廉的成本，就能夠獲得高於競爭對手的平均收益，即使競爭對手降價到利潤為零，自己仍可獲利。同時，成本低可以更好地滿足消費者的需求。

美國西南航空公司的成功就很好的說明了這個問題，西南航空公司的服務足以讓美國人相信：「出門旅行不必開車，坐飛機更快、更省錢。每乘坐一次西南航空公司的飛機，乘客的包裹都省下了一筆錢。」

西南航空公司的低成本戰略，使那些大型的航空公司有著雄厚的實力卻無法施展。

◎ 要抓住每一項費用

當企業想檢查系統或資本支出時，一定會有許多成本會抵抗你對它的檢查，並拼命證實其存在的合理性；但是企業還是要堅定不移地、持之以恆地努力去削減所遇到的每一項成本。

一個很有效的辦法就是，對現存的每一項成本，你都應該假定為不合理開支，你要發問：「如果我削減這一成本，真的會影響收入或利潤嗎？它是怎樣並且是在那裏產生這一影響的？」如果你找不出答案，那麼你就應該確定企業現在不需要這一成本。

每一項成本都有削減的餘地，這是毋庸置疑的。那麼，如何抓住每一項成本，使之不白白地外流呢？如何使削減成本順利進行，而不引起員工的反感呢？

1. 把支出的程序複雜化

這是削減成本的一個竅門。

通知所有可能接觸成本支出的人，在支出之前一定要與老闆取得聯繫，要當面徵得老闆的同意或取得老闆的簽字之後方可支出。這一通知沒有具體限制，甚至可以包括企業所有支出，那怕是換新傢俱、增添新員工，補充辦公用品，等等。

如果有員工給你寫報告，與你爭論，向你說明他們為什麼需要這些錢和人員或設備，那麼你可以視其合理性，同意他們合理的要求。但這種情況極少，大多數情況是沒人來找你，那麼這些錢也就

可以省下了。如果不是必須的，沒人會硬著頭皮找老闆要這筆錢，因為任何員工都不願給老闆留下大手大腳的印象。

一定要把員工支出的手續複雜化，手續越複雜，那麼你降低成本的可能性越大。一定要堅持用仔細與挑剔的眼光看待每一項支出，並盡可能地拒絕他們的要求。甚至可以在他們要求支出的報告上簽上：降低成本=增加利潤！

當然，並不是所有企業的老闆都有時間親自監督成本的開支，如果支出是由財務部門來簽發，那麼作為企業管理者，你一定要親自審核所有的支出，雖然還是由財務部門負責，但你可以和出納員一起，約定每半個月見一面，出納負責解釋每一筆錢支出的原因或目的，你來確定是否簽發。即使你的業務量很大，你沒有時間去審核所有的支出，那麼你至少可以每個月簽一半，25%或 10%，只要你去做了，就一定可以節省更多的成本。

2.絕不放過細節開支

沒有什麼成本是可以忽略不計的，那麼你在讓員工知道你關心大錢的同時，還要讓他們意識到，你不只是關心大錢，也關心小錢，沒有什麼成本是在你考慮之外的。認真審核每一項成本，你傳達的資訊就會被認真對待。此外，削減所謂的微小成本，你會賺取令人吃驚的利潤，因為這些成本從來就沒被人認真地對待過。

堅持，每一項成本都有其價值！

3.給僱員養成節儉的習慣

你在削減成本之初會遇到很多阻礙，比如會有人對你說：「你別指望僱員們會接受你這一套。」但在實施幾個月後，你會發現，

根本就沒人會記起以前是什麼樣。僱員們會很快接受所有這些新東西，習慣是靠養成的。

當僱員懶散慣了的時候，讓他們接受制約是一件很難的事。同樣的道理，當僱員們形成節儉的習慣，自覺地縮減成本時，他們就不會認為這是一件不堪忍受的事情。

◎ 改變不良習慣就能節約費用

任何一個企業都有大量的需要改變的日常習慣，而其中每一項習慣都可能涉及到削減成本。改變一些不良的習慣有助於建立起一種行為導向、利潤至上的企業文化，由此消除官僚和浮誇的作風是一件很有意義的事。

1. 節約從一張紙做起

企業不應該提倡一定要以列印的文件進行溝通。是的，隨手寫個便條或短箋，一樣可以起到交流溝通的作用。誰說一個辦公的主管一定要秘書列印好材料才能與在隔壁的主管溝通？手寫便條或短箋會迫使他把自己的意圖表達得簡短而明瞭。同時可以節約秘書的工作量（還包括辦公設備和材料）。你可能會認為這樣節約不了錢，理由是「反正秘書坐在那兒，還不如讓她列印點什麼」。可是大量減少列印工作後，就逐步砍掉了秘書不必要的工作，這樣你就可以裁退以前的一半秘書。

在減少列印工作的同時，你也在向你的企業傳達出一種資訊：我們不做無用工，我們沒有時間做噱頭；我很忙，我要見客戶，要賺錢，沒有時間浪費在列印上。這是一種很正面、傳播極快的資訊。當下屬意識到你的這種意識之後，他們會很自然地照做。

2.停止無謂的文件流動

在所有的企業中，就內部報告、成本計算報告、數據報表及影本而言，有 75%都是不必要的，都是在浪費金錢。仔細地推敲，沒發現那家企業是例外的。

實際上你算不清你的企業究竟有多少報表，因為其中大多數是你和其他決策人從來就不看的。當然，你需要一些報表交給工商局等部門。但事實是，你企業中的各種報表的實際數量要比工商部門所要求的報表多出了許多。這些本來都是你根本就不需要的，那麼砍掉這些多餘的報表吧。不但可以省去許多紙張費用，還可以省下做報表的大把時間，當然，說不定因此你又會發現過剩的人員，從而為企業又減少一項開支。

還有一個問題，那就是企業管理者對精確數字的盲目追求。絕大多數企業決策應根據直覺、判斷和大概數字做出。依據精確的、詳盡的成本核算文件堆積而做出決策是少之又少的事。所以，你有必要重新確定報表的輕重緩急，確定你都需要那些數據作為你決策的依據。

在企業裏停止不必要的文件流動，可以確保人們把時間花在提高利潤基線上，而不是互相通知來通知去，彼此打擾，耗費時間和精力。

在企業裏，當然也有些報告是必不可少的。如果遇到這類文件，那麼告訴你的下屬，請他們只講他們想說的事，而不要去歌頌大好形勢，咬文嚼字，報告只要直截了當，內容充實就是最好的。

3.除系統損耗

所謂系統損耗，是指在企業系統、規則和指導方針建立起來以後，沒有將它們持續貫徹到實際行動而產生的與預期之間的差異。消除這種損耗是明顯提高企業業績的一種有效途徑。

比如，公司制度規定對所有的來電都要認真記錄，並在 24 小時之內予以分類處理。但實際上，你的接線員或者相關負責人員未必真的如規定所說。

系統損耗的原因有很多，他們會找到很多理由來解釋他們的損耗：

⑴我們沒有適時的監督和審查系統；

⑵我們沒有安排新員工的入職培訓，沒人教他們正確的使用系統；

⑶我們（管理者）不瞭解系統的使用情況，即使有人不遵守規則，而我們也以為系統得到了正確的使用；

⑷我們這個部門每個人都有自己的工作方式，等等。

使用和不使用系統你可能會覺得沒有明顯的差異。但要切記：政策和實踐之間不可避免地存在著差距。

如果企業的規則或系統不能得到始終如一的貫徹，企業的業績就達不到高效的發展和預期的效果。時間久了，你就會聽到客戶的抱怨：「你們根本就不在乎我們，對我們的建議似乎無動於衷。」

或者是「我們下一次不再和你們合作了，要另換一家公司」。

消除系統損耗可以提高企業的利潤、服務水準以及工作效率。事實上，很多企業由於系統損耗而導致了成本不斷增加，從而造成大量的浪費，其數額甚至不少於企業每年的淨利潤。

4.避免無效會議

所有人都有過開會的經歷，大會小會，有些企業甚至不論什麼事都要開會解決。而往往很多時候，會開完了，事情不僅懸而未決，而時間也在你一言我一語中浪費掉了。而往往很多人為了開會，要把自己正在做的事放在一邊，這樣一來，更加嚴重影響企業的運營效率。而且無聊的會議降低士氣，給企業帶來很多不良影響。

如果你的企業會務過多，又看不到開會的成績，那麼幾乎可以肯定是你的通訊系統運用不得當。電話和互聯網可用來替代很多會議。及時打電話或者通過互聯網溝通可以把問題消滅在萌芽狀態，用不著等到它已經成為問題了再去召開會議。

如果你認為的確需要面對面的會議，那就站著開吧。因為不大舒服，站著開會不會讓人們感到不愉快，因為他們知道會開不長，不會覺得時間被浪費掉了，反而會熱情地參與。鼓勵這種激情，站著開會能產生更好的決議。

當然，還可以制定一些會議原則，比如：

⑴盡可能地在一間屋子裏，以儘量少的人數做出決定。絕對不要出於禮貌或對其頭銜的尊重而請什麼人參加會議。

⑵開短會。30 分鐘一般就足夠了。即便幾個月也用不著開 3 小時的會，高級主管應該有能力在 30 分鐘內把會開完。

⑶絕不要開會討論什麼事情，開會只用來決定什麼事。

簡單地說就是不要只為開會而開會。每天的時間完全可以用來做決定，給客戶打電話，把削減成本付諸行動。如果你需要其他什麼人參加會議，沒問題，但要直指要點，砍掉不必要的討論，節省決定時間。

5. 減少外出聚會

離開公司去聚會，絕少是有必要的。它浪費錢財，將有價值的人員驅離於關注客戶、產生利潤的活動之外，更糟糕的是，對於企業的目標，它傳達了一種不嚴肅、不緊迫的資訊。

這些聚會根本不會像所宣稱的那樣會激勵士氣，其實許多人寧願呆在家裏與家人在一起，而不願意把時間浪費在路上。士氣是重要的，但是，既然有更好、更直接的方法去激勵，幹嗎去搞這種分散精力，浪費錢財的外出聚會呢？

6. 削減辦公面積

有些企業為了講排場，要在好的地段辦公，要有又寬敞、又漂亮、又氣派的辦公場所，每個主管都要有大大的辦公室……我們身邊的好多企業、公司的辦公面積都有富餘，尤其是高級領導和各級主管的辦公面積。因為這裏有很多人每週要外出 2～3 天辦理業務，企業裏很多人沒有必要有自己的辦公室，就算需要也沒有必要用那麼大的面積。

其實，總經理的辦公室再大再豪華，對增長利潤都並沒有什麼幫助；各級主管的辦公室再漂亮再舒適，也和提升業務量沒有關係。你的客戶要的是你的產品或服務的品質和效率，他們才不會在

乎你的辦公面積有多大。

在現今的大城市裏，早已經是寸土寸金。好的房產當然需要好的開支，而且為了使一個大面積的辦公室看上去更舒服些，你會買更多的物品來裝飾它，沙發、茶几、書櫃，大的魚缸、名人字畫、各種小擺設⋯⋯這樣一來，開支就在不知不覺間一點一點地流了出去。

所以，為了節省開支，你可以在選擇辦公地點的時候遵守以下原則：

1. 選擇在低成本的城市遠郊做辦公地；

2. 盡可能地控制擁有辦公室的人數，並將必須有辦公室的面積最大限度地縮小；

3. 儘量使公共辦公室（多人使用的）的人數增加，改善空間格局，去掉沒用的「中間地帶」。

辦公室的作用是功能性的，而不是追求豪華的地方。在嚴肅緊張的環境下工作，往往更能提高員工的工作效率。

◎ 節約成本從細節入手

　　企業在提倡降低成本的時候，往往只注重大的方面，而忽略了小的細節。這樣雖然可以節省大的開銷，但就像一個脹滿氣的氣球，如果只是把大孔堵住，而忽略了小孔的漏洞，那麼氣球也總有一天會癟下去。

　　所以，企業在降低成本的時候，一定不要忽略了日常開銷中的細節，注意小的開銷，不要忽略了任何一條細流。

1. 做好開支預算

　　企業在做下一年的開支預算時，不能只單純地在去年的數字上添加通貨膨脹的百分比，這樣對降低成本將毫無意義。不妨在做開支預算時針對每一項開支問你和同事這樣一些問題：

　　⑴在不嚴重危害企業利潤率的前提下，可否將它刪除？

　　⑵它相對於企業的需要是否過於特殊化？可不可以減除這種「特殊」以節省開支？

　　⑶它的開支是否已超過了創造的利潤？

　　⑷是否有其他更便宜的辦法達到同樣的效果，比如改變公司程序或裝配一台新電腦等？

　　⑸把事情轉交給外面的人去做並與之簽約，會不會更便宜？

　　⑹在不危害企業的條件下，可否降低這樣做的頻率？

　　⑺其他的企業如何達到同樣的效果？

⑻假設你想重新開業，你還會有這項開支嗎？

⑼是否出現了重覆做功？一項任務可否與另一項相結合，而後者已經在企業的其他地方事先完成了？

⑽有沒有人對這項開支負責？他們如何愉快地履行職責？

⑾上一次拿到有競爭力的報價是在什麼時候？對供應商的選擇是不是已經出於一種習慣、方便，而不是出於經濟的考慮？

這些問題涉及企業成本開銷的每個組成部份，儘管如此，但是更明智的做法還是首先集中在最大的開支上。開支越大，有可能節省下來的也越多。

2.絕不忽略小開銷

不積小流，無以至江河。企業開支也是如此。如果你把日常的花銷集中起來，則意味著巨大的利潤潛力。通過削減日常開銷，你可以向你的企業發出如下信號：你全面削減成本的決心是堅定的，並且這是你的經營哲學。建議在以下這些方面削減開銷：

⑴降低差旅費

企業的差旅費是可縮放程度較大的開支。當然，所有人都希望出差可以坐頭等艙的機船票，但是作為致力於成本削減的企業管理者，你應該要所有的人（包括你自己）都換到經濟艙去。因為專注工作的人在經濟艙一樣可以高效的完成工作。

降低差旅費可以從以下幾方面考慮：

①真的需要出差嗎

隨著現代通訊技術的發展，出差已經不再是商務交通的唯一選擇。公司之間可以有合作但不一定非要負責人面談，因為在很多時

候，一個簡單的電話就可以解決大部份問題。另外，電子郵件和遠端電話會議更可以大大節約差旅時間和費用。通過電子郵件，你可以與世界各地的許多人交流，可以發送合約、圖表、照片和其他文件。電子郵件迅捷、方便，更省錢。而遠端電話會議，更能使企業內部駐紮在各地的員工同時領會到企業的精神，不只節省了員工往返的時間，更為企業節約了大量的差旅開支。

②如何高效利用差旅時間

如果非出差不可，那麼，首先要考慮大概的出差日程安排：需要開多少個會、需要約會多少個人、需要到多少個地方，另外，還要計畫好路線，這樣才可以在規定的時間內處理更多的事情。

關於差旅時間的利用，還有如下建議：

A,可以利用旅途時間先考慮一下開會的內容、熟悉一下報告和文件，帶上筆記本電腦會更方便；

B.在出差前，提前發送所有相關的議程資訊，通過電子郵件確定每一件事，讓每一個相關人員做好準備工作，可以節省更多時間；

C.中轉的途中，可以與客戶或同事小聚，增加感情。

③關於住宿要考慮的事情

首先要考慮人員搭配，如果要兩人同行，最好讓兩位男士或兩位女士同行，這樣就可以選擇賓館的標準間，住宿費就可以減少一半。

其次，在選址時，一定要選離辦事地點較近的旅館，這樣可以節省打車往返的費用和時間。

以下事項將有助於你避免發生額外的住宿費用：

①如果推遲或取消預訂的房間，一定要提前通知旅館。大多數旅館都要求在入住前 24 小時得到通知，否則就要罰款；

②有的提供很多便利服務，例如上網，免費早餐和去機場的免費班車等；

③旅館房間的小型冰箱內提供的食品和飲料是付費的，如果想節約成本，就請遠離它；

④旅館的送餐服務很貴，如果要吃飯，就移步到樓下的餐廳去吧；

⑤旅館房間裏的電話通常都要加收額外費用，所以，自備電話或打公話是不錯的選擇；

⑥結賬時應核對帳單，以免多付沒消費過的費用。

(2) 嚴格審查報銷單

對於員工的報銷單，最好是每個月都要核查，要麼抽查，要麼全查。當你找到某些不適宜或超量花費時，給他們寫個便條：希望你下次別再被我找到。這樣一來，相信該僱員的花費單在今後至少一兩年內不會有問題。

(3) 傢俱

凍結所有的傢俱開銷。在現時情況下，無論你到那家公司，你總能從沒人用的辦公室裏找到可以用的辦公桌、書架、椅子等等。如果你睜一隻眼閉一隻眼，人們肯定會去買新的。只要去找，在公司的某個地方，肯定會發現一些很好的，沒有用過的傢俱。如果某些人真的需要買新的。這一訴求必須要經過你，凍結或不凍結，由你來定。先凍結它，讓有價值的浮出水面，而不是讓它們遊蕩於四

週。

(4)辦公用品消費

如果把辦公用品預算馬上砍掉 40%，你的公司也能很輕易地扛得住。在有些公司，任由辦公用品供應商自己到這家公司開出貨單，絕不能讓供應商這麼做。原因是顯而易見的，供應商會把訂單寫的儘量小，還是儘量大？結果一目了然。

(5)購銷合約

終止一些維修合約或不再續簽有關影印機、電腦和其他辦公設備的所有維護合約，這些合約可能有這樣的條款：供應商對貴公司全部的電腦以每台每年 200 元的價格進行維護修理。你可能會認為這樣很合理、很方便，其實這個價錢差不多夠一台電腦的終生維護了。

(6)訂閱

這是一個常常被忽視的問題。你真的需要所有這些經濟類雜誌嗎？難道大家不能傳閱？重新審視企業所訂閱的報紙和期刊的品種和數量。看看它們是否有訂閱的必要，或者是否有大量訂立的必要。互聯網上有大量的新聞資訊，何不充分利用網路資源？何況，減少報刊的訂閱品種和數量也可以減輕過刊的處理問題。你的資料庫真的需要這些雜誌嗎？這些數據？這些報告？一般而言，把訂閱砍掉約 75%，不會對你的企業造成什麼問題。

(7)電話和傳真

首先你要選擇低成本的長途電話服務。其次，降低電話設備的功能。真的每一個人都需要有那麼多按鍵，那麼多功能的電話嗎？

大多數人根本就不需要。最後,公開個人長話記錄,然後抽查電話帳單。在你發現有人違規時,寫一個嚴肅的便條,通知他下次違規將受到嚴厲的懲處。如果有 2%的僱員接到了這種便條,就會在其他98%的人群中迅速傳開。

另外,通過發短信也可以節省不少通訊費用,一般來說,在下列情況下,發短信同樣可以起到很好的溝通效果:

①與客戶確定會面時間;

②祝賀某位客戶生日快樂;

③對某位客戶或供應商表示感謝;

④通知客戶即將上市的新產品或即將開展的促銷活動。

傳真如果善加利用也會為企業節省不少開支:

①儘量減少圖案、粗體字、大標題和陰影面積的數量,這樣可以減少發傳真所需要的時間。長途電話發傳真更應如此;

②不用彩頁傳真,直接用黑白影本發傳真更能節省發傳真的時間;

③用白紙發傳真,便於發送、接收和閱讀。

⑻合作合約

與供應商的合作除非不得已,儘量別簽長期(一年以上)合約。情況隨時會有變化,好的生意人(採購員和供應商)是易變的,一紙合約會鎖定後來或許根本就不需要的成本。合約也使得你難以糾正錯誤。如果你的某一個僱員在成本上犯了錯誤(把錢花在了根本不需要的東西上),你可以停止這一花費。

◎ 設法減少浪費時間

時間成本是昂貴的，要減少浪費，就要提升時間運用技巧。

根據緊急程度，事情可分成緊急和不緊急兩種，非做不可的事情就是緊急事情；反之則不緊急。根據重要性，事情又分為重要和不重要兩種，如果完成某件事能夠實現一個重大的目標，如年度大目標、人生大目標，這就是重要的事情；反之，就是不太重要或者不重要的事情。

這四種情況交錯，就形成如下表所示的四個象限。

時間四象限分類

	緊急	不緊急
重要	I 危機 急迫的問題 有截止日期的報告、會議	II 防患未然 改進能力 建立人脈 發掘新機會 規劃、休閒
不重要	III 不速之客 某些電話 某些信件與報告 某些會議 必要而不重要的問題 一些公眾活動	IV 繁瑣的小事 某些信件 某些電話 浪費時間之事 過度的電視、遊戲等娛樂

　　第一象限是緊急而重要的事情，非做不可，如上級的電話、應該參加的會議、應該交的報告等。第二象限的事情重要但不緊急，對完成人生的重大目標、工作很重要，對未來很重要，但目前不需要立刻完成。第三個象限是緊急而不重要的事情。如打進來的推銷電話、某些必須處理的不重要信件等，這類事情可以交由他人處理。第四象限是不緊急也不重要的事，沒有必要在這類事情上浪費時間。

　　假設以一位剛進公司的銷售人員，來看他一週的時間安排。

　　這一週的活動包括交通、無法處理的事情、等待別人告訴他如何著手的項目、一些特殊緊急事件、加班、參加會議、搜集整理客戶資料、參加新員工培訓、學習操作辦公設備、電話銷售、犯錯、收復郵件、交際、娛樂等，壯壯詳細地記載了每項活動所花費的時間，並將這些活動分類，綜合形成如下表。

　　從下表可以看到，在一週的工作時間中，屬於第一象限的時間只有 9 個小時，佔總時間的 5.36%，畢竟此時他只是初級人員，沒有很多緊急又重要的事情處理。屬於第二象限的時間有 27 個小時，佔 16.07%。第三象限的時間達到 95 個小時，佔 56.55%。第四象限的時間為 37 個小時，佔 22.02%。

　　這也就是說，大部分時間用在第三象限——重要但緊急的事情上。這些事情可能是別人交待需要完成的，不會產生重要的績效指標，對完成人生目標也沒有太多幫助，但對一名初級工作人員而言，花費這些時間是必須的。

新進銷售員的時間安排

單位：小時

		小時/週	象限	支配權	合計	佔總週時間
交通	上下班	16	Ⅲ	（不可支配，我可選擇方式，但不能決定時間的消耗）	25.5	15.18%
無奈/無助	不知如何處理。等別人幫助/下命令	5.5	Ⅰ			
工作	特殊/緊急事件、加班	2	Ⅰ			
	工作會議	2	Ⅱ			
	整理客戶資料	5	Ⅱ	可支配（我可以選擇花多時間幹什麼事）	142.5	84.82%
	找不到新產品數據/合約	5	Ⅲ			
	新員工培訓	3	Ⅱ			
	學習操作辦公設備	1.5	Ⅰ			
	打陌生電話勵次電話銷售	11	Ⅱ			
	打錯電話	2	Ⅳ			
	郵件收復	5	Ⅱ			
交際	認識環境與同事	1	Ⅱ			
	同事間聊天	3	Ⅳ			
睡覺		58	Ⅲ			
娛樂	看電視/電影/打遊戲	16	Ⅳ			
吃飯		16	Ⅳ			
基本生活	梳洗/穿戴/基本生理活動	16	Ⅲ			

另一位高層主管的時間運用情形，如下表：

高級主管的時間安排

單位：小時

		小時/週	象限	支配權	合計	佔總週時間
交通	開車上下班40分鐘，業務外出開車	12	III	不可支配	20	11.90%
等待	找地方停車、堵車、排隊	4	III			
工作	特殊/緊急事件、加班	2	I	可支配	148	88.10%
	銷售數額差異的重新確認	2	II			
	內部工作會議	2	II			
	復核銷售方案/制定銷售戰略	5	II			
	拜訪大客戶、參加展會等重大活動	10	II			
	制定/修改工作計畫	2	II			
工作	團隊建設與管理/面談/評估	17	II	可支配	148	88.10%
	電話與主要客戶溝通聯絡	21	II			
	對上級的彙報會議	2	II			
	部門費用審批	2	II			
家庭	家人溝通	3	II			
交際	聚會/行業論壇	6	II			
學習	每週日的進修/語言班	10	II			
感情	每週約會一次，一次3小時	3	II			
健康	每週運動一次，一次3小時	3	II			
吃飯		7	IV			
基本生活	梳洗/穿戴/基本生理活動	7	III			
睡覺		48	III			

在這個階段，工作內容明顯增加，如與銷售量相關重要數字的確認、內部工作會議、銷售方案的復核、銷售戰略的確定、大客戶的拜訪、參與展會等。具體到四個象限，第一象限只用了 4 個小時，只佔總時間的 2.38%；第二象限用了 86 個小時，佔 51.19%；第三象限用 71 個小時，佔 42.26%；第四象限 7 個小時，佔 4.17%。此時用在第二象限的時間大量增加。

從事情的處理上看，位於第一象限的事情要立即去做，因為這是無法推卸的責任。第三象限的事情儘量授權給別人做，比如可以授權給秘書、其他行政人員。第四象限的事儘量不做，這些事只會浪費時間。重點是第二象限——重要但不緊急的事情，如果讓精力集中在這一象限，你就能夠掌握時間的主動權，保持生活的平衡，減少未來可能出現的危機。

每天留出時間來處理重要但不緊急的事情是保持領先的方法。這其實是將寶貴的時間儲存起來。當以後面臨突發事件時，便能夠動用這些時間儲蓄——在緊迫的時間壓力前應付自如，而不是在匆忙之間做出錯誤的決定。為什麼這麼說呢？這些重要但不緊急的事情是一個長期持續的處理過程，如學習某種知識並不是一兩天，甚至一兩年可以完成的，但是越提早做，後面用的時間就越少。面對危機時處理起來越從容。

來看普通人和成功人士在時間使用上的差別，如下表。

普通人和成功人士使用的時間比較

		緊急	不緊急
重要	普通人	25%～30%	15%
	成功人士	20%～25%	65%～80%
不重要	普通人	50%～60%	2%～3%
	成功人士	15%	<1%

　　普通人對重要而不緊急事情的處理時間大概只有重要又緊急事情的一半，而大部分時間都用來處理不重要但是緊急的事情。為什麼會出現這種情況？一個重要原因就是很多人都沒有學會說「不」，不知道怎麼拒絕，來一件事便處理一件事，非常被動且浪費時間。成功人士則不同，他們拒絕被瑣事打擾，集中精力於自己的工作，為此，他們可以事先規劃，避免不緊急的事情變成重要又緊急的事情。

　　我們日常生活中有很多「時間大盜」，偷走了不少寶貴的時間，為此我們必須學習如何應付這些「大盜」，先來看有那些時間大盜：

　　1.打擾（電話或無預約的客人）；

　　2.一件事情還沒完成就開始著手別的事情；

　　3.沒有目標、次序和計畫；

　　4.同一時間被交代完成多項工作，卻不懂拒絕；

　　5.缺乏自律；

　　6.參加與自己關係不大的會議；

　　7.資料不完整或有所延誤；

8.文書工作及接待、應酬;

9.個人缺乏組織能力;

10.分不清責任和權力;

事情還沒做完就開始做其他事是很多人的習慣,如一件事情處理一半時發現不好處理,便開始另一件事情。如果這樣做,你在前面所用的時間就都浪費了,因為下一次重做時還要從頭再來。一定要改掉這種壞習慣,堅持做完一件事再來處理另一件事。

當你需要決定所處理事情的優先次序時,先設想不完成某件事情的結果。如果結果沒有太大價值,那就先做別的事情。一天能做的事情有限,要做的事與計畫不相關、與人生目標不相關、沒有價值的,那就不要做它。這樣會使用在第四象限的時間慢慢減少,而用在第二象限的時間會越來越多,你的整體效率在不斷提高。

如果同時被交代要完成多項工作,一定要適當拒絕,否則可能都不會做好。如果都不能拒絕,就要先分清輕重緩急,安排好完成次序,依次解決。與自己關係不大的會議、文書工作、接待、應酬,不屬於自己責任範圍內的事情,勇敢地說「不」。

自己若缺乏組織能力,不能合理安排各項事情,會被事情纏繞,東奔西顧,忙得焦頭爛額,結果是沒有一件事做好,沒有一件事有價值。因此這方面的能力需要時時加強。

要改善時間的使用效率,首先要確定目標。利用平衡計分卡確定的目標,就是我們要達到的目標。確定目標後。再反過來規劃人生,設定每天、每週、每個月、每個季度乃至每年的目標。每一天都制定計劃,排定優先次序,定下期限,並運用時間管理原則找出

最重要的事最先完成。

其次是學習改善工作、處事技巧。排除干擾，趕走「時間大盜」。如果你是管理者，可以安排他人負責接回電話之事。給自己一小時安靜工作，對任何來打擾的人說「不」。安排一次性處理文件工作的時間，告訴公司其他人員。某一段時間是你集中處理檔工作的時間，除此之外概不接待。層級越高，時間成本也越高，因此應該盡可能將不重要的事情安排他人代勞，不用事必躬親。

第三是預先確定會議議程，控制會議時間。會議一定先排定議程，確定會議主題，讓相關人員事先準備好，會議進行時一定要牢牢把握主題，不可因不必要內容浪費時間。

第四要學會利用零碎時間，如等待的時間──等會議召開、等公車、等地鐵、排隊等的時間，可以用來思考一個小計畫，一個信件的回復，一個檔的內容，等等。將這些零碎時間積累起來，就是我們節省的時間成本。很多人都有拖拉、逃避處理麻煩事情的習慣，這是人性的一個弱點，也是時間陷阱。要克服它，一個很有效的方法就是每天開始工作時，從最重要的事情著手，嚴格按照當天計畫做事。只要能持之以恆，這個時間陷阱是可以避免的。

◎ 消除內部的無效成本

懂得成本才能管理成本，個人成本不只在衣食住行上面，所花的錢不只是為了吃飯、住房、交通和養育兒女，還包含其他很多內容。這其實很像企業，企業的成本不僅僅只有工資、租金、獎金、執行費和辦公費，這些是成本的同時也是資源，如果只降低這些成本，就會砍掉企業的資源。

瞭解發生在自己身上的無效成本

從管理角度看，個人成本可分為以下這幾類：

1. 實支成本、時間成本；

2. 顯性成本、機會成本；

3. 變動成本、固定成本；

4. 可控成本、不可控成本；

5. 有效成本、無效成本；

6. 生活成本、策略性成本；

有效成本是維持生活以及為未來投資所花費的時間、金錢，反之則是無效成本。

1. 降低無效成本

無效的反義是有效，也就是個人可以管理。因此可以說無效成本是可控成本，即使這裏含有一些不可控因素，我們依然可以想辦法驅避它，讓它變成有效成本，或者變成不會發生的成本。

譬如，不遵守社會規則遭致罰款，亂停車、不遵守交通規則被罰款，上班遲到被扣獎金，等等，都是可以避免的。因為可以提早出門，可以遵守交通規則，甚至可以不開車坐計程車出去辦事。

汽車被撞有維修成本，怎麼解決？開車更仔細，或者聘請司機，或者聘請司機帶車。車是司機自己的，開車肯定非常小心，此外他還要承擔維修、維護的費用和時間，而你只需要負擔所行路程的費用，完全可以在車上休息或思考自己的問題。

交通越來越擁擠，能不能化解這些擁堵的時間成本，從這些時間中獲得收益？是可以的。可以坐在車上做計畫、讀英文、看報、寫報告，這樣一來，這些時間成本就有了收益。

別人撥錯號碼、推銷電話、電話串號也會造成你的無效成本，而這種情況又很普遍，怎麼辦？關掉手機，或者讓下屬、秘書接手機，更貴的時間成本應該有更好的利用。

在一個地方買到有瑕疵的產品，那就儘量不要在同一地方購買產品。購買東西時，儘量挑選品質好的，因為品質好的產品可以用很久，按時間平均下來，會遠遠便宜在小市場、批發市場買的「便宜貨」。

如果在醫院、銀行需要排長隊等候，那就選擇人少的銀行，如民營、外資銀行，或者辦理 VIP 卡，每年多花 3000 元，得到的是時間成本的節省。我們應該有犧牲其他成本來換取時間成本的觀念。

有時候我們覺得應該犒勞自己，不免大吃大喝一番；又或者有各種各樣的飯局。大吃大喝。如此錢花了，可效果並不見得有多好，

可能不舒服要去醫院，可能要去減肥。何必呢？既讓自己痛苦又產生額外的成本。

現在推銷越來越多，我們經常遇到貼身的強行推銷，甚至故意糾纏。遇到這種情況，明確而嚴肅地告訴推銷者：不要。千萬不要一邊拒絕，一邊還在看推銷的東西，這樣等於給了推銷者機會，結果浪費你的時間。接到推銷電話也是如此處理，不需要解釋原因。

每到黃金週，全民旅遊總動員，結果又如何呢？車票難買，房間難訂，旅遊景點到處是人，服務品質低。我們付出了時間和金錢，卻得不到應該有的休息和休閒。還不如呆在家裏，整理資料，看雜誌，聽新聞，多睡一些覺，和家人團聚，這可能比外出旅遊能得到更多的身心調節。

無效成本是我們可以改變的成本，假使實在無法改變，那就放棄，但要保持積極樂觀的心態。

2.尋找企業內部的無效成本

下表是一名財務經理的作業活動時間表。這名經理一天工作 8 小時，一個月工作 22 天，總工作時間 176 小時。

財務經理的作業活動

作業活動	作業活動
1. 審核單據，核對明細，登賬，會計處理	18. 參與經營會議·與供應商溝通
2. 開發票，收支票，核對明細，催款，對賬	19. 編制預算
3. 查找資料	20. 現金預算
4. 計算折舊	21. 預算管理
5. 編製成本分析表	22. 向各部門解釋預算與實際的差異
6. 修改數位，應總經理需要另編報表	23. 與成本控制有關的工作
7. 向銀行查資金的匯人與匯出	24. 與成本分攤有關的工作
8. 出納，開支票，簽核，付款	25. 復核內控制度、會計制度
9. 向各部門催收資料	26. 修正預算
10. 回答上級報表問題	27. 解釋報表
11. 編稅務報表，修改報表	28. 給非財務主管的教育培訓
12. 與稅務人員溝通	29. 部門內部教育培訓
13. 整理、申報增值稅發票	30. 研讀、培訓
14. 年檢	31. 電腦死機、停電等原因造成的無法工作
15. 其他報備事項(含變更登記)	32. 私務
16. 編制管理性報表	33. 外出辦事的交通時間
17. 與客戶溝通	34. 與財務無關之其他被交代的事情

從財務經理而言，他的工作是做好現金控制、成本管理、預算規劃與控制，避免使企業出現資金斷檔的問題。及時支付所有部門需要的現金。但從上表可以看到，他的工作內容和範疇遠遠超出了

這個職責範疇，有很多是與工作無關的事情，比如私務、與財務無關的其他事情；有很多是不需要他做的事情，比如做出納工作、開收支票；此外，他還有處理私事的時間。這就表明該經理的工作中有很多非有效活動存在。

在一個企業中，從經理、組長到員工，每個人一天有幾個小時在做有附加價值的作業活動。真正產生了效益呢？可能大部分企業中，每個人的有效時間只佔到 25%，也就是說，另外 75%的時間被額外消耗了，沒有意義。而這 75%的時間還要產生各種成本，如水電成本、設備成本、辦公成本、人員成本，等等。

要降低成本，首先就要砍掉沒有效益的作業活動。如果一個作業活動沒有效益。對增加價值沒有幫助，就不要做它。與之相關的所有成本──包括料、工、費將全部節省下來。那麼，如何分析作業活動，找出這些無效活動呢？首先，要記載員工的作業時間，可以採用 ERP 體系自動記錄每個員工做某項作業活動的時間。公司的每位員工一定要進系統才能工作，進系統先報告系統自己的編號，系統會準確記錄幾點幾分幾秒進入某項作業，幾點幾分幾秒離開。系統所記錄的這些作業時間，加起來就是這名員工當天的工作時間。

分析系統所記錄的每段時間，例如一名員工處理一張訂單用了 3 小時 59 分，而該工作公司的標準時間是 2 小時，那麼超出的 1 小時 59 分在做什麼呢？員工必須對此做出合理的解釋。

ERP 系統可以做到這種程度，企業可以讓員工自己填寫作業時間表。讓員工填寫一天做了那些事，每項作業活動用了多少時間。

經過一段時間的重複和修正，企業就可以比較完善地統計出每個人每天的作業活動時間。這些時間再加上員工平常可能發生的私人性時間，就是一名員工的工作時間。

記錄作業活動和時間，企業需要員工的完全支援。要得到員工的支援，不要僅以公司目標、公司利益為出發點，更要從員工角度出發，告訴員工這是在幫助他改善時間管理。而時間是他這輩子最重大成本。此外，這也是在培養他、增加他的知識和能力。只有在員工理解之後，他才會主動配合公司。

其次，與標準流程做比較。用員工一天所做的作業活動與標準流程做比較，讓他們知道那些活動應該做，那些活動不要做。員工若有某種不好的習慣，首先在流程上找原因，可能是企業的系統安排不當，可能是辦公用品安排不明確，或者是規章有問題，或者培訓不夠，等等，找到原因就可以改善它，為員工提供合理的工作流程和工作環境。

再次，確定標準作業活動和時間。先確定一個標準的作業活動有那些步驟，應該怎麼進行。接著確定標準活動的標準時間，讓員工知道完成某個作業活動需要多長時間。這樣做並不容易，但企業必須這樣做，以確保將來越來越薄的利潤。

最後，消除那些重複、錯誤、返工、計較、沒有意義的爭執、毫無結果的會議、無效的個人時間、抱怨、罵人之類的無效活動。這類活動被消除了，企業成本可能下降約四分之一。怎麼消除這些活動呢？依然是以員工為本，通過改變他們的工作態度和方法，以便他們自發地消除這些活動。

◎ 要砍掉沒有附加價值的浪費

企業中所有崗位的工作人員，不論是最底層的員工、中間層的主管，還是上層的經理，每個人都有一些無效益的作業活動和時間存在，這就是成本管理的空間。這是在不傷害員工福利的情況下，唯一可以降低的成本。因此，企業需要判斷每個作業活動是否必需，是否是附加價值的作業活動。

例如，與一張訂單相關的作業活動的判斷。根據這張訂單追問：這個作業活動真的必要嗎？增加這個作業活動能夠讓顧客多付錢嗎？符合顧客或者買方的需要嗎？如果是，它就是增加價值的作業活動，是必要的活動。

有時，企業會做一些不是顧客直接需要的活動。如團隊建設、戰略思考、員工培訓等活動，這些活動雖不直接受益於顧客，但對企業未來的發展有益，因此這類活動也是必要的。

如果一項活動不符合上述這兩方面的要求，可以肯定它是非附加價值的作業活動。

附加價值作業活動的判斷可按下圖所示的程式進行。

附加價值作業活動的判斷

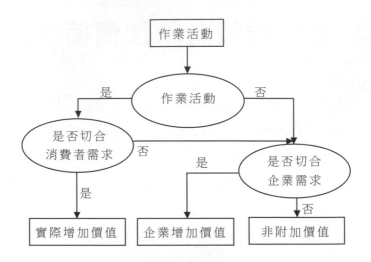

　　企業中肯定有很多活動屬於非附加價值作業活動，企業應該消除這些活動，避免資源浪費。

　　以人員(Man)和材料(Material)為例，具體說明如何尋找。

　　例如，員工是否都遵循一個標準在工作，還是他們在按自己的方式運作。如果員工沒有接受標準化、規範化的培訓，僅憑自己的經驗判斷事情應該如何做，結果很可能無法讓主管滿意。主管因此要花時間來糾正他，這糾正本身就是成本，更不用說他此前工作所發生的成本全都浪費了。再如，員工與他人的協作關係好嗎？能夠主動詢問、主動請教嗎？如果他全靠自己完成工作，不詢問同事，不向別人請教，不借助其他資料，所浪費的時間成本也是相當驚人的。

　　員工的身體健康嗎？是不是工作半天休息半天。上一天班再請

兩天假？如果這樣，工作不但沒有效率，反而使以前做的工作不斷重複，白白浪費資源。

再來看原材料。原材料品質檢測標準合理嗎？很多企業為了保證產品品質，做了過多的作業活動。可是這些過多的作業活動並非企業利潤所能承擔，顧客也不會接受。也就是說，這些過多的品質工作直接導致了利潤的喪失。

原材料進料週期適當嗎？是否保留了太多材料？很多公司原料庫存量很大。還稱之為不得不採購。其實這就是因為計畫不當而保留過多的原材料。

材料浪費情況如何？是物盡其用了。還是堆在現場無人理睬。一種原料與另外一種不相干的原料混在一起了嗎？這可能使員工在清理現場時，直接扔掉他並不需要的材料。

我們可以避免很多浪費，在這些需要注意的浪費中，有八種浪費是最常見、最需要避免的：

1. 超需求生產的浪費。生產的產品多儲存在成品庫中，沒有銷售出去。

2. 庫存的浪費。長期存放在倉庫裏，肯定會有折舊、磨損、損耗，等等。

3. 運輸的浪費。原材料先進倉庫，再運到生產線，可是因為某種原料短缺，又退回倉庫，最後再運到生產線。這種重複運輸就是浪費。

4. 等待的浪費。如等待另一個產品、另一種輔料，等待決策，等待顧客的確認，等等。

5.尋找的浪費。尋找資料、檔案、客戶、供應商……這其中的浪費也相當多。

6.非增值作業活動帶來的浪費。人員、設備、原材料、工藝等都會造成這種浪費。

7.不必要流程的浪費。同樣的工作，這個部門做，那個部門也做，如會計部門計算數字，銷售部門、採購部門甚至總經理也都在做相同的計算，這就是不必要流程的浪費。

8.修改及重做的浪費。這方面的浪費有目共睹，毋庸例證。

以前很多企業控制成本時，通常由財務人員給每個部門定下降低 10%的成本任務，可是職能部門卻不知從何處著手，只得硬砍。如果採用以上所介紹的方法，他們很可能會發現，10%的目標太低，其實可以降低 20%～30%。

控制成本、減少浪費的這些方法，在國外企業尤其是日本企業中運用得很好。比如日本豐田公司，它所採用的是一種名為「MUDA」的方法。何謂「MUDA」呢？簡而言之，任何耗用資源卻不能產生價值的作業活動都是 MUDA。例如生產沒人要的東西。

豐田公司通過這種方法，追求一個產品從流通開始直到最後都要向子彈射出一樣快速完成。並保證一次完成，做到零庫存、零檢驗、零搬運。因此，它能夠快速變化，快速滿足市場需求，生產更多產品，在市場競爭中保持不敗。這是目前很多跨國公司都無法做到的。

由此可見，時間對成本是多麼重要。企業唯有記載時間、瞭解時間，下降作業時間、檢驗時間、搬運時間、等待時間、儲存時間、

做決策時間、討論時間，才能有效降低成本。

優化作業活動降低成本，首先要分析必要作業活動和非必要作業活動。消除非附加價值的作業活動。然後準確掌握附加價值作業活動的時間，降低這些作業活動的時間。時間能否被正確記載、能否降低又與人緊密相連，因此降低成本，必須回到人的角度上來。

◎ 要有成本意識，才能降低成本

在日常生活中，幾乎每個人都是有成本意識的，就算是到菜市場買菜，也常常會討價還價，因為這是需要自己付錢的。但在企業裏，因為不是關係到切身的利益，所以很多員工往往會像故事中雞、鴨、鵝一樣，忽視了成本的控制，從而造成浪費，增加了企業的支出。

P公司是一家減價會員店，他們的理念就是不斷削減成本。減價會員店削減了中間商、售貨員和多餘的包裝處理。實際上，它就是一個大貨倉。顧客自助購買大批量貨物，從而得到巨大的折扣。這種方法很有效，店鋪與顧客、供應商形成一個多贏局面。

減價會員店減少包裝，使供應商少了許多麻煩，因而大大降低了價格。如果供應商拒絕，就不購進其貨物。因此，顧客在購買過程中始終有一種發現的喜悅。可能需要的並不總是有

貨，不過一旦有貨，就非常划算。這種方式運作良好，使減價會員店根本沒有存貨費用。商品如果沒有接著訂貨，一般幾個星期就銷售一空。

減價會員店在進駐一個城鎮的同時開始銷售會員卡，因而這筆資金可以先用來支付會員店的建設費用。更有甚者，直到公司將早期投資 2500 美元的人們都變成億萬富翁之後的今天，公司的年報依然是用一般影印機做出來的。總經理在辦公室還保留著他學生時期用的書架：用磚頭架著兩塊木板。

這個案例告訴我們：任何降低成本的措施都非常重要，只有將成本降到最低，出售的產品才最具有競爭力。因此，每一個企業都應該培養全員成本意識，每位職員都應該擁有清楚的「成本意識」概念，包括降低經手的各項材料成本、人工成本、製造費用、行銷費用等。

例如，一輛汽車交給司機接送員工上下班，如果司機本身對成本具有相當敏感度，他自然會注意保養工作，不致猛開快車又猛剎車，形成油料與剎車片的雙重損失。

員工要培養成本意識，首先應該從老闆的角度去思考問題，例如，錢從那裏來？應該怎麼用才能最節省？要讓全體員工意識到成本控制的必要性和合理性，從而相應地在日常工作中時刻牢記成本控制的準則，在工作過程中做出成本控制的決策。

「現代管理學之父」德魯克提出「在企業內部，只有成本可言」，傳統的成本管理只著重於企業內部的產品生產製造過程，沒有涉及企業成本發生的全過程。企業員工應提高對「成本」概念的

認識，在自己的工作崗位上切實把握好成本的控制，才能達到增強競爭力和擴大市場佔有率的目標，繼而實現企業的預期利潤。

S 公司是一家生產財務軟體的公司，而 F 印刷公司則承印軟體的說明書與文字材料。每次 S 公司在接到緊急訂貨時，總是不斷催促 F 印刷公司放下手中其他工作，專門趕印他們的說明書。

星期五快下班時，S 公司的採購員張先生又給 F 印刷公司的業務代表李小姐打電話了：「請你們加急印刷，我們星期一就要提貨。」李小姐說：「如果你們能提前一週通知我們，我們就能為你們節省一半的費用。」

而張先生回答道：「你不明白，你們那點油墨紙張的印刷費用每套的成本只有 8 元而已，而我們的一套軟體產品要賣到 500 元以上。現在我們的客戶正等著我們交貨，8 元算不了什麼，我們可不能為了節省區區 4 元而多等一天。我們現在就要！」

結果，F 公司的裝訂工廠整個週末都在加班，保證了週一按時交貨。S 公司支付了雙倍的價錢還非常滿意，但是李小姐還是想繼續說服客戶。很多企業都會對她的建議置若罔聞，他們寧願多花錢，寧願這樣錯下去。

李小姐對張先生說：「你們確實是在掙大錢，但是我們每月交付給你們的印刷品平均收費為 12000 元。你只要每週一花五分鐘時間，估計一下今後一、兩週的需求量，我就能每月為你省下 6000 元的加急費用。」

如果張先生有成本意識，那麼在他的工作崗位上每個月就

可以為企業節省 6000 元，一年就可以為企業節省 72000 元，倘若企業裏有 100 個像張先生這樣的員工，而這些員工都培養了成本意識，該企業單純節省的成本就高達 720 萬元。

因此，每位員工都應該培養成本意識，發揚艱苦奮鬥、勤儉節約的優良傳統，嚴禁鋪張浪費、奢侈揮霍。盡自己的能力為企業增收節支，確保把錢花到實處，用在刀刃上。

◎ 每個人都是利潤中心

森林裏辦了一個大工廠，因為效益不好，廠長小張先生召開大會，希望大家找出改善的方法。

負責銷售的大灰狼首先發言：「我們業績不好，是因為我們的產品品質比不過人家，我們的價格太高，客戶太挑剔，客戶的預算太低，客戶的採購計畫進度總是無從捉摸……」

接著負責推廣的項目經理鸚鵡說：「我們投入資源太少，客戶的品質要求不符合實際，公司沒有好的激勵制度……」

廠長小張先生：「你們提的這些總是可能都存在，但是企業付工資給你，不就是要你在客觀環境下為企業創造價值嗎？另外，為什麼生產工廠就搞得那麼好呢？請老黃牛談談經驗！」

老黃牛：「我在部門裏提出要精簡人員，競爭上崗，讓每個崗位都有危機感，把每件工作做到位，讓每個人都發揮自己的

才能為企業創造利潤。那怕是撐螺絲，也把它撐到位；那怕是掃地，也要把那塊地掃乾淨……」

俗話說「只為成功找方法，不為失敗找理由」，一次成功可能需要用一百種、一千種方法去實踐，而如果想放棄成功，只需一個小小的藉口，即可為失敗找到一個冠冕堂皇的理由。因此，在企業裏，只有用業績說話才是最響亮的！

企業是船，員工就是水手，讓船乘風破浪，安全前行，是員工不可推卸的責任。對每個員工來說，只有企業贏利了，個人才能有更大的發展空間；只有公司成功了，個人才能夠成功。所謂「一榮俱榮，一損俱損」，只有認識到這一點，你才能在企業中找到自己的位置，知道自己應該如何工作。

企業所有的部門和員工都應該全力以赴為公司賺錢。企業要獲得利潤，就必須依仗開源和節流。與客戶打交道的員工應該盡全力增加企業的銷售收入，而不直接與客戶打交道的員工最低限度也應成為節流高手。如果你想在競爭激烈的職場中有所發展，成為老闆器重的人物，就必須牢記，為公司賺到錢才是最重要的。

千萬不要以為賺取利潤是老闆和高層管理人員的事情，與你個人無關，或者提出你根本不知道如何為公司創造利潤這樣的問題。在企業中每個員工都必不可少，因為從價值鏈流程看，簡單的工作往往是下一個環節的前提。就算在企業中被認為可替代性最強的人──記錄員，也不是任何人都可以做好的，因為不同的人工作效果差別非常大。

在優秀的足球隊中，並不是每一個球員都可以成為明星，一般

只有一兩個核心隊員，他們是球隊的核心，是球隊的靈魂。可是那一次成功的進球是他們從自己球門一直帶到對方球門的？

絕大部份的進球都是那些不是明星的隊員將球傳到他們腳下，使他們有了起腳破門的機會。如果沒有那些非明星隊員的存在，球星們如何充分發揮自己的優勢，又如何成為球迷關注的焦點？

就如一部汽車，是發動機重要還是汽車上的一個螺釘重要？沒有一個個螺釘將汽車的每一個部份固定住，發動機還有什麼運轉的必要？沒有一般員工把企業內的基礎工作做好，那些核心員工如何發揮他們的作用？無論是汽車，球隊，還是企業，都是一個有機的整體，各自均有其不可替代的作用，各自創造出自己獨有的價值。

其實，我們每個人都是利潤中心，因為能成為企業中的一員，你就是有價值的，而且你也必須想方設法為公司創造價值。企業聘請員工就是希望其能夠為公司創造價值，每個人都要把為企業創造利潤作為最重要的目標。

每個員工都要面對市場，思考市場，爭取市場，開拓市場。從產品創意、設計、生產、包裝、宣傳、銷售到服務，這個鏈條上所有的員工都應該來思考和處理問題，人人都從自己的崗位上創造利潤，必然能夠大大提高企業的效益。

H公司是一家生產暖氣爐的企業，工作程序非常簡單，就是把金屬板折彎、焊接、安裝電路、裝上一些按鈕和一個風扇，沒有任何技術含量。

但是，公司的員工在從事簡單工作的同時，時刻都在尋找

為企業創造利潤的更好方法。例如，公司發明了一個屋頂供暖系統，可以為 16 間屋子分別供暖；公司還製造了具有活動牆體的彈性教室，可以根據學生數量和課程的不同靈活變形；另外，他們還發明了一種熱交換器，不會對金屬外殼產生壓力，因此不會發出任何噪音；在公眾瞭解碳氟化合物殺蟲劑之前的 25 年就已經開始研製噴霧罐了；公司的技術人員注意到，化妝品商店中的暖氣裝置僅僅幾年就會出現腐蝕現象，而不是通常的幾十年，於是開發了一種陶瓷暖氣外罩，有效地保護了金屬外皮。

這些產品之所以能夠問世，是因為公司的員工都以自己為利潤中心，經理們經常從事一些具體事務，比如回答客戶服務電話；銷售人員經常在實驗室呆一段時間，以加深對產品的瞭解，增加銷售量；科技人員和工程師與客戶打交道，增添客戶的信心等等。

正是因為每個員工都盡力發揮自己的價值，××公司的產品才能夠技高一籌，佔據了龐大的市場，使顧客的採暖費用大為降低，並為顧客帶去了更加潔淨的空氣。

一位商界人士說過，「任何一個團體或組織的存在都是為了價值的升值」，即每個人都是利潤中心，都必須給企業創造利潤；沒有給企業創造利潤的人只能成為企業的包袱，這種人是沒有價值的。

◎ 減少辦公用品浪費的方法

1. 一般辦公室中用電都比較浪費，可將裝有四支燈管的照明設備拆下兩支，大都不會影響照明度，但可節省一半電費。

2. 儘量使用再生紙，影印時盡可能使用雙面，並適量印刷，以減少紙張消耗，用過的牛皮紙袋，將書寫文字的地方用紙貼住，仍可繼續使用。

3. 使用回形針、大頭針、釘書機來取代含苯的膠水，儘量使用鉛筆（寫錯了，用橡皮擦掉），如此可減少修正液的使用，避免污染環境和損害人體。

4. 自己帶水杯上班，而不使用一次性杯子；多用手帕擦汗，以減少衛生紙、面紙的浪費。這樣一來不但減少了垃圾量，還可省下一筆可觀的開支和許多資源。

5. 與同事共同發起辦公室資源（如玻璃、廢紙、鐵鋁罐）回收計畫，鼓勵資源回收，並主動設置回收箱，最後將回收物放在指定點，以便清潔工人收集。

6. 平時多收集愛惜資源、保護環境的資訊，給公司同事傳閱，或公佈於公告欄，灌輸這方面的觀念。

7. 節約用水不僅限於家庭，在辦公室內也應實施，例如改善衛浴沖水設備、改裝氣壓式水龍頭等，均為簡單易行的方法。

◎ 如何巧妙降低差旅費

1. 以實際行動節約差旅費

每個員工都應該視公司為家，樹立「節約光榮、浪費可恥」的觀念，摒棄對浪費現象放任自流、熟視無睹的冷漠心態，養成勤儉節約的良好習慣，增強成本意識。

從節約一角電話費、節約一元差旅費、節約一次招待費等細微之處著手，從平時不太注意、不太關心的種種浪費現象改起，齊心協力，積少成多，以實際行動有效降低差旅成本，形成「人人講節約、事事講成本」的良好氣氛。

沃爾瑪的創始人山姆·沃爾頓非常節儉，出差時經常和別人同住一個房間，因此沃爾瑪的員工自然不能例外，還不斷把「老爺子」的傳統發揚光大。

在召開「2001 年沃爾瑪」年會的時候，來自全國各地經理級以上的代表所住的不過是某某招待所，雖然能夠洗澡，但是肯定不帶星級。而且每次開新店之前，都會有建設隊的美國專家從總部趕來幫助建店，這些專家住的也不過是三星級賓館，而且開店第二天立刻就走人——多待一天可就多一天開支呀！

2. 運用遠端視頻會議系統

據統計，不管企業大小與否，差旅費用的支出在通常情況下約佔公司營業費用的 5%～10%。對大多數公司而言，差旅和娛樂費用

位居各項費用的第二或第三，是繼薪資和 IT 費用之後的第三大支出項目。如何尋求更好的途徑和方式來控制差旅費用支出，降低企業的成本，已經成為越來越多的老闆關心的問題。

企業的差旅費用是人力資源成本之外的第二大可控成本。能否有效控制這部份成本將直接影響企業的盈利能力，反映企業的管理水準。

一家大企業的財務主管，這幾天正在為如何開源節流發愁。中午休息的時候，一位業務員走進辦公室外說有事情跟它談。

業務員：「我是 M 公司的業務代表，這次來……」

財務主管馬上打斷：「出去出去，我沒空聽你推銷！」

業務員：「可是，我知道你這兩天正在為公司節省支出而煩惱，我有很好的方法能解決你目前所遇到的問題。」

財務主管：「什麼方法？」

業務員：「我們公司最新推出的可視會議業務，利用電信網路，主要面向大客戶、集團客戶和公眾客戶。與傳統的電視會議系統相比，使用更方便，用戶在自己的辦公場所通過 IP、ADSL 等方式接入系統，就可以召開可視會議了。」

財務主管：「有這麼神奇嗎？」

業務員：「這種電視會議業務讓你足不出戶就能聞其聲見其人，隨意進行溝通交流；還可以節約差旅費用，免去舟車勞碌、旅途奔波之苦；隨時召開跨國跨區多點會議，節省會議時間，提高工作效率！」

除了與專門的差旅管理公司合作來降低差旅費成本之外，還可

以通過建立「遠端視頻會議系統」來實現。「遠端視頻會議系統」作為一種新的通信方式，有著無可比擬的優越性。它不僅彌補了傳統電話交流的缺憾，而且更符合當今社會人們分散活動和高速高效活動的特點，實現了真正交互的聽與說。

T公司目前擁有 20 多個分支機構，公司之間的來往非常密切，員工需經常往返之間，召開各種會議。在出差費用上，僅一年的差旅費就要 200 多萬元。

一年前，T公司聘請 L 技術公司在其子公司與母公司之間搭起視頻通信平台，以減少其差旅費，降低運營成本。根據 T企業特點，L 公司提供了 VPN 視頻通信解決方案，方案讓該公司實現了異地即時視覺化交流，不僅員工得到了及時交流，同時減少了出差的頻率，還為企業節省了高額的差旅費用。

該方案的實施費用僅相當於 T 公司一年的差旅費，而在後期運營上，將為 T 公司節約大量的支出。

隨著市場競爭程度的加劇，「遠端視頻會議系統」不但有利於各分公司之間資訊的及時溝通，提高工作效率，提升管理水準，還能降低企業運作成本，節省大量差旅費用。

◎ 王永慶對成本分析要追根究底

　　正如美國鋼鐵大王卡內基所說：「密切注意成本，你就不會擔心利潤。」正是基於這種想法，才誕生了成本分析的概念。

　　所謂的成本分析，是指利用成本核算資料及其他有關資料，全面分析成本水準及其構成的變動情況，研究影響成本升降的各個因素及其變動的原因，尋找降低成本的規律和潛力。

　　從中可以看出，通過成本分析可以正確認識和掌握成本變動的規律性，不斷挖掘企業內部潛力，降低產品成本，提高企業的效益；還可以對成本計畫的執行情況進行有效的控制，對執行結果進行評價，肯定成績，指出存在的問題，以便採取措施，為提高經營管理水準、編制下期成本計畫和作出新的經營決策提供依據，給未來的成本管理指出努力的方向。

　　現實中，很多企業都在千方百計地降低成本，但是往往做的不夠，他們在面對下屬遞交上來的各種費用報銷單以及各種生產預算時，往往有一種想大刀闊斧卻又無從下手的感覺。其實，要從成本分析的角度把成本控制好，只要有一個細節做到就夠了，那就是追根究底。

　　這裏的追根究底，就是要對每一「單位」成本進行細化，由「單位」成本分析到「單元」成本，以便掌握每一「單元」成本的合理化，並對有疑問的地方抱著「打破沙鍋問到底，再問砂鍋那裏來」

的態度，一點一滴地追求合理化。這樣，任何成本不合理的問題都能找到根源，都能得到妥善的解決。成本分析追根究底，可以進一步確保利潤的增長。

其實從成本分析的本身也可以看出，降低成本的關鍵就在於找到影響成本升降的各個因素及其變動的原因，要做到這一點，就必須對每一項成本追根究底。

追根究底，就是凡遇到問題或發生異常都要深入加以分析，並且追究問題的本源。就像河裏的水混濁了，要探求它的原因，就必須逆流而上，一直追到河流的源頭處，才能排除異常，解決問題。對成本分析追根究底，才能發現成本不合理的根源所在，才能從根本上解決問題。

有這樣一個事例：

在美國早期設計的登月飛船上，都裝有一個小小的減速裝置，用來減慢太陽能反射板的開啟速度。那些飛船都是帶著這種減速器成功飛上月球的。

後來，在研製飛向火星的「水手4號」太空船時，科學家們認為那種減速器過於笨重，並且容易沾上油污，於是就重新設計了一種。但是，這個新設計的減速器經過試驗並不可靠，經過多次改進仍然無法令人滿意。

正當研製小組幾乎絕望的時候，有位科學家大膽地提出，是不是可以不用這個減速器？最終的模擬試驗證明了這位科學家的建議完全正確──那個勞民傷財的減速器，從一開始就是多餘的，只不過是以前多次成功的飛行，使人們形成了思維定

勢，一直維持著它存在的合理性。

其實，從成本分析的角度來考慮，這個減速器之所以從一開始就裝在飛船上，就是因為人們沒有對這一問題追根究底，如果大家沿著這一問題追問：「為什麼要裝這個減速器？」回答：「為了減慢太陽能反射板的開啟速度。」然後再問：「為什麼一定要減慢太陽能反射板的開啟速度？能否讓它正常開啟？」到這個時候，也許人們就會發現減速器的多餘了。

仔細想一下，我們的企業裏又何嘗不是存在很多的沒用的開支，像這個沒用的減速器一樣，在假相中迷惑了企業，卻在不知不覺中增加了成本、吞噬了利潤。不去追根究底，如何去發現那項開支是否真正合理？企業存在了太多的不合理的成本開支，又如何從根本上節省成本，提高利潤？

在內容上，成本分析包括事前成本分析、事中成本控制分析和事後成本分析。只有追根究底，才能做到事前、事中控制，才能做好事後分析，從根本上做好成本的分析控制。

台塑集團的董事長王永慶降低成本的本事，連世界級的管理大師都為之驚歎。對此，王永慶曾說：「經營管理，成本分析，要追根究底，分析到最後一點。我們台塑就靠這一點吃飯。」追根究底，分析到最後一點，正是台塑控制成本、提高利潤的一個秘訣。

一次，台塑開會討論南亞做的一個塑膠椅子。報告的人把接合管多少錢、椅墊多少錢、尼龍布和貼紙多少錢、工資多少錢，都算得很清楚，合計 550 元。每個項目的花費在成本分析

上統統列了出來。

但是,王永慶還是追問:「椅墊用的 PVC 泡棉 1 公斤 56 元,品質和其他的比較起來怎麼樣?價格如何?有沒有競爭的條件?」報告人答不上來。

王永慶再問:「這 PVC 泡棉用什麼做的?」

「用廢料,1 公斤 40 元。」

「那麼大量做的話,廢料來源有沒有問題?」報告人又不知道。

「南亞賣給人裁剪組合,在裁剪後收回來的塑膠廢料 1 公斤多少錢呢?」

「20 元。」

「那麼成本 1 公斤只能算 20 元,不能算 40 元。使塑膠發泡的發泡機用什麼樣的?什麼技術?原料多少?工資多少?消耗能不能控制?能不能使工資合理化?生產效率能不能再提高?」這一連串問題下來,報告人再也招架不住了。他根本沒有進行這樣細緻的分析。而這麼一大堆工作沒有做,在王永慶看來,是絕對不行的。

所以王永慶一再強調,要謀求成本的有效降低,無論如何必須分析在影響成本各種因素中最本質的東西,也就是說要做到單元成本的分析,只有這樣徹底地將有關問題一一列舉出來檢討改善,才能從根本上確定成本控制的標準。

成本控制涉及到企業管理的方方面面,企業提高效率從根本上來說就是降低成本,效率提高了,利潤自然會得到提升。追根究底

地進行成本分析，不僅可以砍掉一切不合理的成本支出，還可以逼迫企業員工採取各種措施嚴格控制成本，有效地提升企業的競爭力，提高企業的利潤。

◎ 辦公室電腦要節電

電腦已成為企業辦公人員普遍使用的電子設備，每一位在辦公室裏工作的企業員工，都要養成電腦節電意識。

1. 正確使用電腦的「等待」、「休眠」、「關閉」等選項

電腦專家指出，正確使用電腦的「等待」、「休眠」、「關閉」等選項，這種低能耗模式可以將能源使用量降低到一半以下。

在暫時不使用電腦時，選擇「等待」狀態下關機，即切斷了硬碟及 CPU 的電源，只向記憶體供電，耗電量相對較小。由於數據被保存在記憶體中，因此只需 10、20 秒就可以恢復到關機時的狀態。

關機之後，要將插頭拔出，否則電腦仍然會有約 4.8 瓦的能耗。在用電腦聽音樂或者看影碟時，最好使用耳機，以減少音箱的耗電量。

2. 選擇合適的電腦配置和外接設備

電腦顯示器的選擇要適當，因為顯示器越大，消耗的能源越多。例如，一台 17 英寸的顯示器比 14 英寸顯示器耗能多 35%。

選擇適宜的外接設備並合理地與電腦連接使用，能夠大大地節

省電能。與雷射印表機相比，噴墨印表機使用的能源要少 90%；印表機與影印機聯網，能使空閒時間減少，效率更高。

3.調整電腦的運行速度和顯示器亮度

⑴調整電腦的運行速度

比較新型的電腦都具有綠色節電功能，可以設置休眠等待時間（一般設在 15～30 分鐘之間），這樣，當電腦在等待時間內沒有接到鍵盤或滑鼠的輸入信號時，就會進入休眠狀態，自動降低機器的運行速度，直到被外來信號喚醒。

⑵調整電腦顯示器亮度

短時間使用電腦或者只用來聽音樂時，可以將顯示器亮度調到最暗或乾脆關閉，這樣即可以減少不必要的電耗。

4.使用電腦硬碟

使用電腦硬碟可以省電。一方面硬碟速度快，不易磨損，另一方面開機後硬碟就保持高速旋轉，不用也一樣耗能。因此，除非確實需要插入移動硬碟或軟碟，一般情況下儘量使用硬碟，避免增加電耗。

5.重視電腦的清潔保養

電腦內積塵過多，將影響散熱：顯示器螢幕積塵會影響亮度。因此，保持環境清潔，定期清除機內灰塵，擦拭螢幕，能降低電腦電耗，並能延長電腦的使用壽命。

6.設置電腦省電模式

在「開始」菜單中選擇控制面扳，雙擊電源選項。在「屬性」對話方塊中選擇「電源設置」圖示，就可以設置進入「系統待機」

與「系統休眠狀態」的經過時間。

7.利用降頻電腦省電多

使用電腦最直接的省電方案，是使用 CPU 降頻軟體降低 CPU 功耗。如果正在進行上網或音樂播放，降頻既能使 CPU 的直接功耗降低，又能降低發熱量，使系統風扇變得更加緩慢，從而使風扇的耗電量降低。

8.筆記本電腦要選省電型 CPU

在筆記本電腦中，CPU 是最耗電的零件。一般情況下，人們比較喜歡選擇頻率比較快、性能比較高的 CPU，但是 CPU 性能越高越耗電。

如果只是一般性工作，選擇高性能的 CPU 是沒有必要的，只會導致電能大量浪費。因此，要根據使用需要選擇 CPU，夠用就可以了。

◎ 夏天冷氣機節電的措施

冷氣機是「耗電大王」，如何節約用電是關健。冷氣機是夏季辦公室裏的耗電「大王」，必須有效地節約冷氣機電用。

1. 正確地安裝冷氣機

正確地安裝冷氣機也有益於節電。安裝冷氣機的位置不宜低，因為冷氣往下。熱氣往上，室內下層空氣是冷熱混合型空氣，室內的上層是溫度較高的空氣，若把冷氣機裝在窗台上，抽出的空氣溫度低，相對來說冷氣機在做無功損耗，上層的熱氣並沒得到有效製冷。

進行冷氣機安裝時，應避免陽光直射，儘量選擇背陰的房間或房間的背陰面。因為在夏日，灼熱的陽光容易將外機曬熱，從而降低冷氣機自身的散熱效果，並且增加約 16.5%的電力消耗。如果條件不允許，而使室外機只能在向陽的一面安裝，則可在外機頂部裝上遮陽篷。

另外，連接室內機和室外機的冷氣機配管短且不彎曲，製冷效果好且不費電。即使不得已必須要彎曲的話，也要保持配管處於水準位置。

2. 正確地放置冷氣機

要提高冷氣機製冷的效率，可使冷氣機室內側回風吸入口與相鄰牆壁間距 50 釐米，室外部份也應當與牆壁保持 25 釐米以上的距

離。

多數情況下，室內機的位置不宜對著門。這樣能使經常開門帶來的能量損失得到避免。

3.合理使用冷氣機

製冷時，出風口向上；制熱耐，出風口則向下，以達到最好效果。冷氣機的過濾網要常清洗，避免太多的灰塵阻塞網孔，使冷氣機電耗增大。另外，應在離家前 10 分鐘關掉冷氣。

4.冷氣機的溫度控制要適宜

設定開機時，設置高冷、高熱。以最快達到控制目的；當溫度適宜時，改中、低風，減少能耗，降低噪音。一台 1.5 匹分體式冷氣機，如果溫度調高 1℃，按運行 10 小時計算，能節省 0.5 度電。使用冷氣機時，一般控制在 26℃～28℃左右最為適宜。

5.保持冷氣機出風口暢通

室外機的出風口必須保持順暢，不要堆放大件擋住出風口，否則會阻擋散熱，降低冷暖氣效果，增加無謂的耗電。

6.不要頻繁地開啟冷氣機

停機後，必須隔 2～3 分鐘才能開機。否則，會因頻繁啟動壓縮機，導致壓縮機因超載而燒毀，且電耗多。

7.提前換氣少開窗

使用冷氣機時，應提前換好室內空氣，如果窗戶是打開的，開窗戶的縫隙則不要超過 2 釐米。而且在使用冷氣機的過程中，儘量控制開門開窗。

8.電扇冷氣機巧搭伴

在夏季，可用冷氣機配合電風扇低速運轉。人們通過冷氣機將空氣降溫，再使用風扇加快氣流循環的速度，使冷空氣在室內更好地流通，從而使降溫效果大大提高。

此外，有電風扇的配合，再使冷氣機的設定溫度適當提高，從而達到不需降低設定溫度就可降溫的效果。

冷氣機開兩三個小時就可以關機，然後打開電扇。這樣一來，屋子裏就會變得非常涼爽，而且不會出現長期開冷氣機而造成的胸悶憋氣等情況。

9.出門提前關冷氣機

在離開辦公室前 30 分鐘，應將壓縮機（由製冷改為送風）關閉；出門前 10 分鐘，則應將冷氣機徹底關閉。在這段時間內，室溫還可以使人感覺涼爽。養成出門提前關冷氣機的習慣，可以節省電能。

10.用完冷氣機別忘拔插頭

冷氣機在每次使用完畢，應及時把電源插頭拔出，或者將冷氣機的電源插座改裝為帶開關的，用遙控器關掉冷氣機後，應當再將插座上的開關關掉。

不然的話，即使機上開關斷開，電源變壓器仍然接通，線路上的空載電流不但大量浪費電能，還會造成事故的出現。

◎ 員工節約用水，從關注水龍頭開始

莫讓效益從「水龍頭」悄悄流走。

積羽沉舟，在我們這個 13 億人口的發展中大國，如果每個企業員工都不注意節約水資源，那麼我們的資源儲備將無法承載企業的發展之舟。

節約用水，應當堅持這樣的理念：勿以惡小而為之，勿以善小而不為。工作之中杜絕用水浪費之事人人可為，可以節約用水之處俯首即是。對於企業員工來說，最要緊的節約用水措施，就是提高水的利用效率，減少浪費，為此，需要分部門、分崗位，以提高水的利用效率為中心，分析提出不同階段要達到的節水水準和要採取的節水措施，實現以節水為中心的水資源優化配套和高效利用。除此以外，每個企業員工還應該關注工作地點週圍的水龍頭。為此，應努力做到以下幾點。

1. 儘量採用低流量水龍頭

如果裝上低流量的水龍頭，至少可以將水流量減少一半。而且，這種裝置在水流出的同時，能夠壓入空氣，因此能使適當的水流速度得到維持，使洗滌效果不受影響，這不失為企業節水的一個好方法。

2. 阻止滴漏勤節水

在日常工作中，水龍頭滴水似乎司空見慣。然而實驗表明，一

個水龍頭如果一秒鐘漏滴一滴水，一年便滴掉 360 噸水，而多數企業輸配水管網和用水器具的漏水損失高達 20%以上，僅便器水箱漏水一項每年就損失上億立方米。

有這樣的優秀員工，他們聽見水滴漏，會感到是自己的血管在流血。這樣的員工的節水意識很值得我們學習。當每次用完水後，請別忙著急匆匆地走開，只要用一秒鐘留意一下水龍頭是否關緊了，你就可以安心了。

如果水龍頭有滴漏的話，請及早維修。在難以買到新的橡皮墊圈的情況下，可用小藥瓶的橡膠蓋剪一個和原來一樣的墊圈放進去，就能夠保證水龍頭一滴水都不漏。

3.加裝有彈簧的止水閥

有時，水未經使用就白白地流掉了，這真是太可惜了。如果水龍頭加裝有彈簧的止水閥，或是能夠自動關閉水龍頭的自動感應器，就可以避免使這樣的事情發生。

◎ 李嘉誠的宗旨是小處做精細為利潤

　　成本控制是一項精細、嚴密的工程，大的支出需要控制，小的開支也要做到清清楚楚。這樣才能堵住所有可能出現的漏洞，全方位實現對成本的控制。小處做精細，大處不糊塗，才能全方位地節省成本，為利潤的增長提供全面的保證。

　　無論是大處還是小處，都需要用到一種著名的管理思想——零基思維。

　　20 世紀 50 年代，美國德州電器公司提出了零基預算的概念，並將其用在了企業管理上。它要求管理者不管以前在某個項目或總體上撥了多少款，一律以零為基數，重新論證企業和各部門的預算申請。零基預算在企業界迅速產生了廣泛影響。

　　後來，美國組合國際電腦公司的 CEO 王嘉廉先生據此提出了更有顛覆性的思想——零基思維。這個思想悍然打破了經營常理，引起了更加廣泛的爭論。

　　零基思維認為：以前做的和現在做的不一定合理，先決定公司做什麼，才能開始分配資源。只有合理的才能存在。

　　用在成本管理上，零基思維的精髓就在於：保持公司的高效率，謹慎使用每一分資源。所有的錢，都應該用在最有效果的地方。

削減所有華而不實的開支，只有合理、最有效果的開支，才應該保留。

能夠節省成本的才是最合理的，對節省成本無益的，統統都要砍掉。領導者在成本控制的過程中，要重新審視所有的項目，只有合理、最有效果的開支，才應該保留。每一分錢，都應該花在最有效果的地方。

一家著名公司的總經理辦公室，可能給任何人都能留下深刻的印象。該辦公室小得只能擺下一把總經理的椅子和一張桌子，如果來了客人就需要加一把椅子，而且椅子只能放在門口。聽起來不可思議，但是仔細想來完全合理：總經理的房間再大，擺設得再好，對利潤又有什麼用呢？既然對利潤沒用，又有什麼必要在上面花錢呢？

這就是把錢用在最有效果的地方。每提出一項開支的申請或預案，經營者都要問一句：「這筆錢花出去有什麼效果？由誰花？怎麼確保效果？達不到效果追究誰的責任？」也就是說要做到精細管理，無論多細小的地方，每一項都要控制。

在李嘉誠先生的和記黃埔，公司對成本和財務的控制能力甚至達到了每一分錢都清清楚楚的地步。公司老總不僅隨時可以知道公司花出了多少錢、花在什麼地方、誰在花，還能知道更詳細的地方。公司的財務人員早已把所有產生支出的項目整理好，比如房租成本、人工成本、折舊成本、辦公成本、採購成本等。如果老總想瞭解某人一年以來用了多少紙，或者是一年以來每個星期的打的費用，幾分鐘內財務就能把資料送來。如果有一些不合常規的瞞報、

虛報，很快就能在財務上體現出來。

不僅如此，公司各部門每年都要作預算，細到電話費是多少、辦公費是多少、交通費是多少，什麼時候使用，都要交待清楚。上報以後，財務審計人員會把歷年的成本支出逐項調出來進行對比，看這些是否合理。任何注水的預算都過不了這一關。同時，那些項目的支出要確保，那些要取消，也是一目了然。

公司對所有產生支出的項目做到了逐條控制，也就成竹在胸，如果以後想削減成本，很容易就能做到。

其實想做到這一步並不難，逐項控制的原理誰都懂，但是做不到的卻很多，這裏面主要就是一個建立體系和執行力的問題。所以，領導者要想做到對成本的逐項控制，第一要有建立這個體系的決心，第二要請專業、負責任的財務人員來執行。

不少企業實行的都是總經理一支筆管錢管物，甚至有不少老總在下屬把請款單或報銷單拿來時，也不細看，瞟上一眼就簽字。這樣一來，這支筆的作用就非同小可了，它細心時，成本會被關在門內；但是只要它稍一疏忽，成本就會偷偷溜走。

不可否認，總經理管住錢是非常必要的，尤其在很多民營企業。但是，單憑總經理一人之力，很多情況下並不能把成本控制住，必須同時借助於財務審計人員和基層管理人員的層層協助，才能更好地把握這關。

在企業減少成本時，還有一個問題容易出現，細節的、支出金額少的地方摳得很緊，但是在重大支出上，往往不好把關。這時候，就更需要借助群策群力。所以，在數額較大的支出上，領導者一定

要嚴格審批、層層把關，確保萬無一失。

李嘉誠的和記黃埔就有規定：1 萬元以上的支出一定要經過嚴格審批，而且越是重大的支出經過的程序就越多，必須有充分的理由和把握，才可能通過嚴格的程序。錢一旦批下來，就有明確的責任人來使用，如果用途不當或沒有達到應有的收益，責任人就要承擔後果。

在大成本上把住關，企業才能賺取大利潤。大多數企業都不具備和記黃埔這樣的規模，也沒有這樣複雜的管理，但是這種處理問題的方式很值得管理者借鑒。

對每一項細小的地方都逐項控制，對每一項大額支出都嚴格審批，企業就可以管好、管住每一筆支出，最大限度地節省成本。把錢用在最有效果的地方，利潤就會增加。

心得欄 _____

_____

_____

_____

_____

_____

◎ 省下的，其實都是賺到的

「經營之神」王永慶在創立台塑集團後放眼未來，制訂了一系列能省則省的措施保證企業利潤增長的常態化，才成就了今日台塑獨霸台灣企業界的傳奇。

1.省人力

當年，台塑旗下的南亞公司，在設立多元脂棉絲廠時，最初計劃是日產 6 噸，由德國一家公司供應設備。王永慶認為這樣做很不划算，便決定讓南亞公司工務部門與生產廠家共同研究制程，自行設計擴建工程，壓低成本，提高效率。結果工廠建成後，其多元脂棉絲產量迅速增加，競爭力增強，躍居世界第三大多元脂棉生產廠家。後來，南亞公司在美國設立多元脂棉絲廠時，也採用同樣的方法，大大節約了成本，提高了效率。其年產能雖然達 20 萬噸，但員工不超過 500 人，僅是同等規模企業員工人數的 1/3，僅此一項人事費用，一年便可節約 5000 萬美元，大大提高了企業的競爭力。

2.省運費

20 世紀 80 年代初，王永慶在美國興建石化原料廠，計劃將部份 PVC 原料運回台灣。當時，國際上一些商船公司為爭取台塑公司這個大客戶，都自願降低運費，希望承攬下這一巨額業務。王永慶委託專家分析後，仍然認為打折後的船務公司運費還是偏高，就決定自組化學船隊將原料運回台灣。這在台灣歷史上還是第一次。

自組化學船隊，必須要有人懂海運知識，熟悉相關業務技術。當時的台塑集團，沒有一個這方面的專家。王永慶當機立斷，派台塑海運的負責人到海洋學院學習。這位經理，僅用了幾個月就學完了一般必修航運管理 4 年才能完成的課程。隨後，王永慶用 3500 萬美元從日本訂購了兩艘化學船，又從台塑企業中抽調 20 多位海洋學院畢業生，充實船隊的力量。

依靠自己的力量，王永慶再次取得了成功。1981 年 4 月，「台塑一號」與「台塑二號」化學船正式起航，直接從美國與加拿大運回了 PVC 的中間原料——二氯乙烷。

事後海運負責人蘇忠正分析，化學船開航之後，原來每噸 100 美元的運費，很快跌到了 40 美元左右。如果每年以運輸 20 萬噸計算，等於節省了 1200 萬美元，相當於一艘化學船成本的三分之二。

5 年下來，台塑的這只化學船隊累積運輸量達到 16600 多萬噸。如果委託商船公司運輸，運費高達 1.2 億美元。但王永慶用自己的船隊運輸，僅花了 6500 萬美元，節省了近一半。

3.省能耗

1979 年，第二次石油危機爆發，全球油價迅速上漲。1980 年 10 月到次年 2 月，台灣在 4 個月內先後兩次調高油電價格，台塑的年能源費用從不足 54 億元一下增加到 70 多億元。王永慶馬上決定在集團內全面推動能源節約運動。首先成立能源改善專案小組，負責各單位本身有關能源改善事宜，不斷進行檢討；其次，組織各單位能源負責人員赴各廠實地瞭解各企業能源節約與改善情況。同時在集團內展開節約能源宣傳活動。

　　改善先從用電量較大的燈管開始。台塑集團共有 10 多萬隻雙管日光燈，用電量很大，加裝反射燈罩後，兩支燈管減為一支，照明度不減反而增加。這項措施雖然投資 600 萬元，但一年節省的電費就高達 7000 萬元。這次能源節約運動，使台塑集團當年就獲得經濟效益近 13 億元，抵消了因油電漲價所增加的部份能源成本。

　　以上只是王永慶節省手段的幾個細節，但正是靠這些能省則省的細節，正如他所說的：「你賺的 1 塊錢不是你的 1 塊錢，你存的 1 塊錢才是你的 1 塊錢。」

　　看不到細節，或者不把細節當回事的人，他們只能永遠做別人分配給他們做的工作，甚至即便這樣也不能把事情做好。而考慮到細節、注重細節的人，不僅認真對待工作，將小事做細，而且注重在做事的細節中找到機會，從而使自己走上成功之路。台灣首富王永慶就是從細節中找到利潤，找到成功機會的人。

◎ 看真相，到處都是浪費

在管理企業時往往因為事務繁忙而對於一些運營上的細節問題「忽略不計」，這雖是人之常情。但浪費現象不是自己跳出來主動讓你去看到它的，你必須通過細心地觀察、分析才能發現。舉三個簡單的例子：

例子一：在炎炎夏日，進入某公司或廠子大門，你會看見工人們在用水管直接接到自來水龍頭上澆灌草坪或樹木。由於精心照料，廠區花草成蔭，甚是喜人。

例子二：夜晚，公司大樓在修飾燈的照耀下倍顯亮麗，廠區燈火通明，好一幅忙碌、繁榮的景象。

例子三：生產工廠每次生產完後，都會產生各種各樣的生產廢料，扔掉是種浪費，不如一次性當做廢品論堆或者論斤賣掉，還可以為企業換點「零花錢」。

以上三個例子是大多數企業在平日工作中經常出現的場景，但正是這些你認為正常得不能再正常的事情，其中卻折射出企業在經營上的疏忽，造成了很大的浪費。以下不妨算筆賬來看看浪費真相。

真相一：用水管進行綠化工作一次可能浪費掉 10～20 噸水，按照一個月兩次，一年澆灌七個月來計算，這一項浪費每年就造成企業幾千元的損失，加之所為之付出的人力資源，損失至少要達到上萬元，如果企業能夠採用節水噴灌設備，那麼

一年也就花費不到幾百元。這只是一個小小的綠化用水,那麼工廠裏的生產用水以及企業公司大樓用水呢?可想而知。

真相二:企業為了塑造自己的形象和彰顯實力,往往讓廠區燈火徹夜不息,甚至在公司大樓前放上幾排不同色彩的高倍射燈,以突顯大樓氣勢磅礴,炫目燦爛的視覺效果。僅這一項每天耗電量就在幾百度甚至更多,一年三百六十五天,企業將為此形象工程多支出電費達幾萬至十幾萬元不等。

真相三:將生產用過的邊角廢料當做垃圾一同賣掉,一些經營者錯誤地認為這是一種節約行為,可以為企業創造一些「零用錢」,但這種行為在實質上卻是一種浪費。這些垃圾完全可以進行分類處理,因為這些垃圾當中有很大部份是價值非常高的工業二次原料或者價錢不菲的特殊材料,如果進行分類對待,那麼它的價值當是垃圾的百倍甚至千倍以上,如果只把它們當成普通垃圾賣掉,這無疑是一種巨大的浪費行為。

企業如果能夠保持一種嚴謹的管理心態,從進入公司大門開始就仔細看、仔細聽,那麼你定會發現有許多平時沒有注意到的浪費現象在你的搜尋下現出原形。

◎ 節約觀念要先行

　　古代波斯(今伊朗)有位國王，想挑選一名官員擔當一種重要的職務。他把那些智勇雙全的官員全都召集過來，試試他們之中究竟誰能勝任。

　　官員們被國王領到一座大門前，面對這座國內最大、誰也沒有見過的大門，國王說：「愛卿們，你們都是既聰明又有力氣的人。現在，你們已經看到，這是我國最大最重的大門，可是一直沒有打開過。你們之中誰能打開這座大門，幫我解決這個久久沒能解決的難題？」

　　不少官員遠遠張望了一下大門，就連連搖頭。有幾位走近大門看了看，退了回去，沒敢去試著開門。另一些官員也都紛紛表示，沒有辦法開門。

　　這時，有一名官員卻走到大門下，先仔細觀察了一番，又用手四處探摸，用各種方法試探開門。幾經試探之後，他抓起一根沉重的鐵鏈子，沒怎麼用力拉，大門竟然開了。

　　原來，這座看似非常堅固的大門，並沒有真正關上，任何一個人只要仔細察看一下，並有點膽量試一試，比如拉一下看似沉重的鐵鏈，甚至不必用多大力氣推一下大門，都可以把門打開。如果連摸也不摸，看也不看，自然會感到對這座貌似堅固無比的大門束手無策了。

　　國王對打開了大門的大臣說:「朝廷重要的職務,就請你擔任吧!因為你不光是限於所見到的和聽到的,在別人感到無能為力時,你卻會想到仔細觀察,並有勇氣試一試。」他又對眾官員說:「其實,對於任何貌似難以解決的問題,都需要開動腦筋仔細觀察,並有膽量冒一下險,大膽地試一試。」

　　那些沒有勇氣試一試的官員們,一個個都低下了頭。

　　任何一件事,如果一開始就感到畏懼,你就失敗在起跑線上。也許真正的事實並沒有你想像的那麼難,那麼複雜,就好似看上去沉重其實卻可以輕易推開的門一樣,不試試看,又怎麼能知道其難呢?更何況,遇到難題也可以想出解決的辦法。

　　節約觀念要先行,在轉變節約觀念時也是一種勇於嘗試的過程,但問題的關鍵在於,如果不去嘗試的話只有死路一條,所以,不如掌握主動,把節約上升到戰略層次,這樣才能帶領企業走在對手的前面。

　　觀念的轉變固然不易,但俗話說得好:世上無難事,只怕有心人,不但不應該氣餒,更要有敢於嘗試的勇氣。

◎ 利潤＝節約＋節約＋節約

對於一個職業經理人來說，利潤的定義自然是了然於胸。利潤是銷售產品的收入扣除成本價格和稅金以後的餘額。這是利潤的文字定義，並且它有一個公式來計算：

利潤＝營業＋投資淨收益＋營業外收支淨額

但對於一個商人來說，對利潤的理解應該簡單明瞭：利潤是最終拿到手裏的那些實實在在的錢。

的確，經商的目的就是為了賺錢，而獲得利潤就是最終的目標，是刨除所有資金支出外所獲得的剩餘部份。所以把計算利潤的公式簡化後，就得出：

利潤＝收入－成本

這是一個蘊藏著企業生存和財富秘密的公式，經營者除了對收入的執著追求外，還必須努力降低成本，這樣才能做到收入的最大化，從而獲得最大利潤。正如日本著名企業家二井孝昭說過的那樣：「要想擴大市場，賺更多的錢，你就必須降低商品的成本。不斷降低成本，就像打開傘，傘支得多大，市場就擴大多大。把傘收起來，市場也就窄了。」

但是，原材料價格近年來持續上漲，企業投入逐年增加，這就增加了降低成本的難度，因此，除了自身節約來降低成本效果顯著外，其他方法基本上已經失去了作用。於是，擺在企業經營者面前

的公式變成：

$$利潤＝節約＋節約＋節約……$$

企業的任何一個節約項目的實施，都會為企業增加一份新的利潤，企業所有的利潤可以說都是各種節約的結果總和。

利潤決定著企業的生死，而節約成了這個生死轉盤上的指標。如果一名總經理忽視了利潤的新公式，那麼他必然承受失敗的結局，他的企業也會是曇花一現。畢竟在一個利潤為王的商業時代，怎麼會容忍一個跟利潤過不去的企業存在呢？

心得欄 ┈┈┈┈┈┈┈┈┈┈┈┈┈┈┈┈┈┈┈┈┈┈

┈┈┈┈┈┈┈┈┈┈┈┈┈┈┈┈┈┈┈┈┈┈┈┈┈┈

┈┈┈┈┈┈┈┈┈┈┈┈┈┈┈┈┈┈┈┈┈┈┈┈┈┈

┈┈┈┈┈┈┈┈┈┈┈┈┈┈┈┈┈┈┈┈┈┈┈┈┈┈

┈┈┈┈┈┈┈┈┈┈┈┈┈┈┈┈┈┈┈┈┈┈┈┈┈┈

┈┈┈┈┈┈┈┈┈┈┈┈┈┈┈┈┈┈┈┈┈┈┈┈┈┈

◎ 企業節約，切忌不可半途而廢

　　企業節約是一種長期的戰略過程，應一直貫穿於企業整個發展階段，切不可半途而廢，否則節約就變成了浪費，不但收穫不了利潤，反而使企業走上浪費的老路。人的一生，不可能什麼都能得到。有時，你只能選擇一個目標，只要你把選擇的這一個目標幹好做好，就是最大的收穫。當你什麼都想得到的時候，結果往往是什麼也得不到，節約工作也正如此。

　　為了懲罰一個違法了戒律的教徒，主教列出了三個處罰的方式讓他自己選擇：第一種是罰款 100 元，第二種是吊在樹上兩個時辰，第三種是吃 50 個辣椒。

　　那個人想，還是吃辣椒划算，既不破財，也不痛苦，於是他選擇了第三種。他拿起辣椒吃起來，剛吃了幾個感覺還可以，當他吃到第 20 個時，他感覺到嘴裏火辣辣的痛，心裏像燒著一團火，他難受極了。他又勉強吃了幾個，但實在堅持不下來了，他流著淚說：「我再也不吃這要命的辣椒了，我寧願被吊起來。」

　　他又被一條結實的繩子吊了起來，不一會兒，他就感覺頭暈目眩，渾身像是被砍了下來一樣，繩子勒進了肉裏，痛得大聲叫起來，他再也不想為了 100 元錢而受這個罪了，他高聲地叫道：快放我下來，我要選擇第一種方式，我情願被罰 100 元錢。」他轉了一圈，折磨也受了，最後，依然沒有逃脫罰款的

方式。如果他一開始就能想到，選擇第一種方式，就不必再去嘗試另外的痛苦，也不會受兩種罪了。最後他還是乖乖地回到第一種方式來。

生活中，每個人都應該找到適合自己的位置，認真地做好自己分內的事情，切不可半途而廢。即使工作再多再忙，仍然需要一件件認真地完成，將目標縮減為一，完成一個再處理下一個，循序漸進，只有全力以赴地去完成一件事情，才能取得滿意的效果。企業在厲行節約時肯定會碰到這樣、那樣的困難，但是，任何困難都有解決的辦法。要知道，當你解決完節約道路上的每一個坎時，你就會多收穫一份長期的「利潤合約」。

在商業世界裏，人們最喜歡追求短期利益，而不善於循序漸進地實現發展目標。形容人們著眼於短期利益，有一個非常著名的故事「殺雞取卵」：有個人養了一隻母雞，每天生一隻蛋，但他嫌少，嫌慢，心想：要是從雞肚子中一下子把雞蛋全拿出來，可就好了。就這樣，他殺了雞，但得到的只是幾隻沒有硬殼的卵。

多少年來，每當講起這個故事時，人們總是譏笑這個人愚笨，只貪圖眼前的微小好處，而損害了長遠的利益。但是，今天仍舊有許多人在做著「殺雞取卵」的事情，不善於把長遠規劃變成每一天的實際行動。

比如，為了實現預期銷售利潤，一些經理人習慣採取降價策略，短期內擴大市場佔有率，實現了盈利。但是，從長遠來看，公司的產品技術沒有提升、品質沒有提高、管理沒有加強，也就是說，公司沒有在強大的基礎上實現盈利，喪失了長遠的發展空間，這種

「飲鴆止渴」的做法是危險的。當降價停止時，人們就會避而遠之。市場不是業餘者的遊戲，當你因為短期效應而興奮時，長期效應的陰影卻正在逐漸擴散。所以，經理人制訂一個遠大發展目標，就要堅定不移地執行，遇到問題的時候加以休正，而不能放棄持續努力，企業節約亦是如此。任何成功都不是一蹴而就的，作為節約工作的領導者，總經理必須做好節約的執行工作，提升節約的執行力，在循序漸進中獲取成功，這樣才能收穫節約所帶給企業的豐厚果實。

《商賈醒迷》一書中有如下論述：

出納不問幾何，其家必敗；算計不遺一介，維事有成。

這句話充分而明確地告訴，細心的節約習慣可以興家，粗心的浪費習慣可以敗家。現代與古代商業發展一則重要的不同點是現代公司發展離不開員工的共同參與。也就是說，員工的節約習慣可以「興家」，而員工的浪費習慣也完全能夠「敗家」。

對於員工來說，節約就在於點滴之間。這裏幾元，那裏幾元，如果把節約的觀念用在所有這些小地方，那麼加在一起就可以成為很大的數目。

有些員工會認為，在一個大的企業裏，自己一個人在降低成本方面是起不了多大作用的。可是這種看法正是錯誤之所在。古語說得好：「涓涓細流，匯成海洋」，同樣是這個道理，成千上萬的日常微不足道的小節省，彙集起來就會對企業有著不可估量的作用。

每一個企業都有許多細微的小事，這往往也是大家容易忽視的地方。有心的員工是不會忽視那些不起眼的小事的，因為他們懂

得，大處著眼，小處著手，為公司節約應當從一點一滴做起。而你需要的正是這樣的人來為你工作。

◎ 節約就是責任

福特汽車公司創始人亨利・福特對於責任心有這樣的評述：「真正意義的工作從來都不是輕鬆容易的。你所承擔的責任越重，你的工作就越難做。」節約是一種責任，這並不單單只是對於一個企業的經營者來說，它也包括你的員工對企業的責任在內。為企業節約每一分錢是企業對員工的基本要求，也是員工的責任，要想成為一名優秀的員工更應視節約為己任。

每一名對企業有責任感的員工，都會把企業當成自己的家，會盡最大努力完成自己的每一項工作，把浪費降低到最低限度，小心地使用企業的設備和服務設施，高效率地利用好自己的時間。這樣，不論是開動一台機器，還是進行一次工廠服務，或者是在辦公室列印一封信件，他都會最大限度地節約每一分錢。

一家服裝公司要參加一次大型的展會，需要一批宣傳資料。老闆叫來秘書小齊，請她儘快去聯繫印刷廠印製宣傳材料。

聽到吩咐後並沒有馬上去執行，而是對老闆說：「上次展會還剩下好多資料，可以用那些嗎？」

老闆回答：「你找出來核對一下，看看內容是不是一樣。」

小齊便找出資料進行核對。

過了一會兒，小齊又找到老闆。

「老闆，我核對過了，絕大部份內容都一樣，只有一個電話號碼變了。」

「那就去重印吧！」老闆回答道。

小齊還在想這件事，他一直都覺得可惜，這麼多資料，只因為一個電話號碼的改變就不能用了。重印不僅要花費一大筆錢，還要花費時間。

「難道真的沒辦法再用上這些資料嗎？」

無意間，他看見了桌上的一份資料。這份資料是老闆開會時用的，因為老闆臨時改變了一個數據，於是他用一個改正紙把數據改了過來。

突然，他靈機一動，那些宣傳材料上的電話號碼不也可以用印有新號碼的膠水紙改一下嗎？只要貼得整齊，是不會影響美觀的。

於是，他馬上到老闆辦公室，向老闆請示。

老闆有點不放心，問：「那樣能行嗎？」

「我仔細點，不會影響閱讀的。」

「好，你去試試吧！」

一個小時後，小齊把整理好的材料給老闆過目。現在，在原先那個電話號碼上，是一條膠水，上面是一個工整的新電話號碼，看起來一點也沒有不協調的感覺。

老闆讚揚了小齊一番，並立即開了一個小型會議。

在會上，老闆說：「小齊的創意非常妙，雖然節省的錢不多，但是可以看出他已經將節約當成了自己的責任，主動去想辦法為公司節約，如果大家都像她那樣視節約為己任，那麼公司就不愁沒有大的發展。」

當然，為企業節約只靠一名員工的力量是不夠的，只有你的每一名員工都視節約為己任，才能為企業為公司贏得利潤。所以，你必須要讓你的員工們知道履行責任不但是為了公司而且還是為了自己，鼓勵員工們去主動盡職盡責。

節約責任的履行過程是一項細緻的工作，更要帶頭認真去做，共同聚集的力量自然會推動公司的發展。

只會硬性強調員工去節約是不明智的，因為員工的想法不可能在一時間全都跟你靠近在一起甚至可以說，有時他們的想法帶有抵觸或者僥倖心理。這種情況存在於大多數企業中，不過，如何改變這種被動的局面卻是總經理們不得不面對的問題。

其實，用什麼方法改變員工的心態很簡單，你只需將節約所得與他們的工資福利掛鈎，問題自當迎刃而解。畢竟，有誰會不願意多掙那份獎金呢？

在龍興製造公司，有一名老員工——修配工廠主任高翔。在公司，他負責修配工廠的維修工作，憑著自己熟練的維修技術和兢兢業業的工作態度，贏得了上級和員工的好評。而這只是一方面，他出色的另一面，是他的節儉意識，他在工作中總是千方百計為公司節省材料，變廢為寶。

在龍興製造公司辦公室的後面西側，有一大堆拆卸的廢舊

設備和廢舊配件，更確切地說，那是一堆「廢鐵」。可是，高翔好像對它特別感興趣，他不顧烈日暴曬，不怕蚊蟲叮咬，經常光臨這堆「廢鐵」。只見他手中拿著鋼卷尺，量量這，看看那，在廢鐵堆上挑挑揀揀，當發現有用的鋼軸、尺帶輪、鐵板、三角鐵、鐵管等，就用氣割把它割下來，拉回修配工廠留作備用。當工廠急用時，經車床一加工就能用，既節約了時間又省下了採購費用，既方便，又經濟，就此一項，每年可為公司節約十幾萬元資金。後來，公司獎勵給高翔一萬元獎金，並在全公司範圍內通報嘉獎。

許多員工認為自己只是一個打工者，與公司只是一種僱用與被僱用的關係，甚至有意無意地將自己置於同老闆或上司對立的地位，總是認為公司的一切與自己無關，節約下來的一切也只是給公司節約，對自己沒有一點好處。

這是一種錯誤而狹隘的想法，長此以往，公司將因為缺少忠誠的員工而導致巨大的浪費，對公司發展的影響不可估量。反之，如果讓員工覺得和老闆是「一條船上的人」，從而真心實意地為公司著想，處處以節約為己任，那麼公司自然會成為節約型員工的溫馨「港灣」。

「唇亡齒寒」，在危機肆虐的經濟嚴冬中，這句話顯得尤為重要，讓你的員工明白這句話的道理，最為簡單的辦法就是用福利拉動，並建立一種長效的獎懲機制，當員工的心和你的心貼得最近時，你又何苦為了能否與員工一條心而惆悵難眠呢？

說節約，不是說要多節省一度電、一滴水，這種認識是膚淺的。

節約不僅是一種美德、一種品質，更是一種必不可少的責任。節約不應是一種要求，而應是一種自覺的行為。

在企業裏，所有的人是同舟共濟、相依為命的，只有所有的人擔當起自己的責任，企業才會正常運轉。有的員工認為「家大業大，浪費點沒啥」，有的員工「事不關己，高高掛起」……這樣的員工缺少的不僅僅是節約成本的意識，更缺少對工作和企業的責任心；這樣的員工失去的是別人對自己的信任與尊重，甚至也失去了自身的立命之本──信譽和尊嚴；這樣的員工不能做好自己的工作，不僅對自己事業發展不利，還會給企業帶來浪費和損失。

一位曾多次受到公司嘉獎的員工說：「我因為責任感而多次受到公司的表揚和獎勵，其實我覺得自己真的沒做什麼。我很感謝公司對我的鼓勵，其實擔當責任或者願意負責並不是一件困難的事，如果你把它當作一種生活態度的話。」

是的，擔當責任或者願意負責並不是一件困難的事。人們常說，「在其位，謀其政，盡其責。」為企業創造財富，給企業節約開支，這是對每一個員工的基本要求。忽視對企業負責，逃避和推卸責任，對集體財產揮霍浪費，這樣的作為勢必危害企業的發展。

企業的生存和發展，需要所有員工的共同努力，需要所有員工在各自的工作崗位上兢兢業業、盡職盡責。為企業節約是每個員工應負的責任，關注企業的發展是每個員工應盡的義務。一個懂得節約的人，一定是一個有責任心的人。反過來，一個有責任心的人，一定是一個懂得節約的人。每個員工都要變「要我節約」為「我要節約」，精打細算，杜絕浪費，做一個最節約的員工，為企業創造

更大的效益。只有每個員工的責任意識加強了，才能把勤儉節約真正落到實處，才能使其成為自覺的行為習慣。

　　對員工來說，節約是一種責任。對企業來說，節約也是一種責任。對社會來說，節約是一種社會責任，一種永遠不能鬆懈的社會責任。

　　厲行節約，人人有責。員工節約，不僅節約了企業的資源，更重要的是節約了社會的資源。作為一個員工來說，體現了對企業應負的責任；作為一個公民來說，為社會盡到了自己的責任。

心得欄 _____

_____

_____

_____

_____

_____

◎ 產業鏈條的整合，就是一種節約

　　產業鏈高效整合是當前企業唯一的戰略出路。企業為了降低成本，必須減少交換環節，以節約交易成本，這種情況下，高效整合產業鏈條便顯得勢在必行。

　　以世界知名服裝企業颯拉為例，其在整條產業鏈上的高效整合的成功舉措值得所有服裝企業學習和借鑑。

　　颯拉是西班牙服裝的一個知名連鎖店品牌，從 1985 年成立至今，颯拉已在歐洲 27 個國家及全世界 55 個國家和地區建立了 2200 家女性服飾連鎖店。2004 年度全球營業收入 46 億歐元，利潤 4.4 億歐元，獲利率 9.7%，比美國第一大服飾連鎖品牌 GAP 的 6.4% 還要出色。這一連串的成功雖說涵蓋了很多因素，但在產業鏈高效整合方面颯拉表現得更加突出。

　　當時，絕大部份服裝製造業都有 6+1 模式，但是卻缺乏「高效」的整合，一般服裝企業走完整個 6+1 的流程需要 180 天，而颯拉在這方面卻表現出超強的整合能力，以至於其走完整個流程只用了短短 12 天，這就意味著颯拉整條產業鏈的整合速度是服裝業的 15 倍。

　　颯拉這種高效整合的意義十分重大，因為產業鏈的高效整合是企業節省成本最有效途徑，舉例而言，一件衣服庫存 12 天的成本比庫存，80 天的成本起碼節省了 90% 以上的成本。而

颯拉 85％的生產都在歐洲，當然，颯拉大部份的銷售也都在歐洲，因此在歐洲生產還可以提高流程速度。

可能有人會想：颯拉在歐洲生產勞力成本不是很高嗎？為什麼不尋求廉價勞力集中的中國市場呢？其實原因很簡單，那就是勞力成本只佔了整條產業鏈的 2.5％，不會影響到整個生產成本的翻倍上漲，這就是颯拉選擇在歐洲生產的直接原因。從中，企業可以得到一點啟示：勞力成本在整條產業鏈中並不是最重要的，而真正能節省成本的方式就在於整條產業鏈的高效整合。

在產業鏈的倉儲運輸、終端零售和產品設計環節上，颯拉都做到了高效整合。

首先，在倉儲運輸環節上，颯拉為了加快運輸的速度，在物流基地挖了 200 千米的地下隧道，用高壓空氣運輸，速度奇快無比。此外，他們還採用空運的方法將成品從西班牙運送到上海或香港，雖然空運的費用很高，但在整個高效整合過程中，這種高昂的空運成本會被攤薄。結果還是節省了成本。

其次，在終端零售環節上，颯拉有意減少需求量最大的中號衣服，故意製造出供不應求的效果。因為他們發現當女性顧客想買中號衣服而買不到的時候，她們心中那種極度的挫敗感讓她們下禮拜又來了。這樣不但加快了週轉率，同時吸引了更多的顧客。

最後，在產品設計環節上，颯拉的設計思維也堪稱一絕。他們首先放棄了自主創新的思維，而代之以「市場的快速反

應」。其實，能夠想到放棄大家都認同的自主創新思維，這本身就是一個最創新的思維。那麼他們怎麼做市場的快速反應者呢？颯拉在設計新產品之前都要首先想到如何揣測出最受消費者歡迎的服裝類型。他們認為，能賣掉的衣服肯定是消費者喜歡的衣服，假設 100 件衣服前天賣了)2 件，昨天賣了 6 件，今天賣了 7 件，他們就根據這三天賣掉衣服的共性設計衣服，根據趨勢變化稍作修改，而不要創新。這樣不但大幅縮減了產品設計的時間，而且可以在市場需求還沒變化之前迅速推回市場抓住市場脈動。他們幾天可以推回市場呢？12 天。這麼短的時間當然可以抓住市場脈動。但是 12 天的速度就是產業鏈高效整合的結果，如果中國服裝企業走完整條產業鏈的時間是 180 天的話，那就意味著根本不可能成為市場的快速反應者。

總之，颯拉集團透過產業鏈的高效整合大幅壓縮成本，同時透過高效整合做市場的快速反應者，他們的衣服總是最新潮，最受市場喜愛的。颯拉的產業鏈高效整合思維告訴我們，整合也是一種節約，同時，也是我們企業未來的戰略出路。

◎ 節約是企業和員工的共同選擇

現在一些企業的部份員工總是認為錢是企業的，浪費的錢，也是企業的資源，反正有企業「埋單」，即使節省下來也裝不到自己的腰包裏，何必節儉呢？這類人對節儉抱著一種無所謂的態度，平時在工作當中總是隨意地浪費原料、辦公用品等，不經意間損害著企業的利益。

這類浪費現象的普遍存在，一方面說明這樣的員工缺乏責任感，持有這種態度的員工，不會是一名優秀的員工；從另一方面來說，這樣的員工並沒有真正地理解節儉對於員工自身的意義。

其實，企業與員工是一個共生體，企業的成長要依靠員工的成長來實現，員工的成長又要依靠企業這個平台；企業興員工興，企業衰員工衰。的確，企業與員工本身就是利益上的共同體，只有企業獲利，員工才會最終獲利。如果你作為企業的一名員工，一面在為公司工作，一面在打著個人的小算盤，那你怎麼可能讓公司贏利呢？你的利益又從何而來呢？

所以，如果單純從企業和員工的利益關係來說，節約是企業和員工的雙贏。對於企業來說，節約可以有效地降低企業的成本，提高企業的利潤，增強企業應對市場變化的能力。提倡節約意識，還有助於逐步形成勤儉持家、注重節約的企業文化，成為員工的自覺行動。同樣，節約不僅對於企業有好處，更會惠及員工自身。

　　每一名員工都能夠自覺地為公司節約資源，為企業創造價值和效益，企業就更有能力給予員工相應的回報和鼓勵，員工也能夠得到相應的利益。所以，為企業節約每一分錢是企業對員工的基本要求，也是員工的責任。

　　在 2003 年度《財富》全球 500 強中，有一個有趣的現象：以營業收入計算，豐田公司排在第 8 位，但是以利潤計算，豐田公司卻排在第 7 位。數據顯示，2003 年豐田公司的利潤總額遠遠超過美國三大汽車公司的利潤總和，也比排在行業第二位的日產汽車的 44.59 億美元高一倍多。豐田公司的驚人利潤從何而來？豐田公司的利潤，很大一部份是由公司員工自覺節約省下來的。豐田公司的屬行節約是全球有名的。舉個簡單的例子。

　　豐田公司的員工很在意組裝流水線上的零件與操作工人之間的距離。如果這一距離不合適，取件就需要來回走動，這種走動就是一種時間浪費，要堅決避免。另外，豐田公司還有一個特別的地方：整個流水線上有一根繩子連動著，任何一個員工一旦發現「流」過來的零件存在瑕疵就會拉動繩子，讓整個流水線停下來，並將這個零件修復，絕不讓它進入下一個工序。

　　在豐田公司，有這樣一個故事。一名設計師在設計汽車門把手時發現，原來的汽車門把手零件過多，這樣就會增加採購成本。於是他利用晚上的時間對門把手進行了重新設計，結果把門把手的零件從 34 個減少到 5 個，這樣一來，採購成本節約了 40%，安裝時間也節約了 75%。

　　當然，員工的利益也因為豐田公司利潤的增長而不斷增加，這

兩者之間是成正比的。節約給豐田的員工帶來了切實的好處，豐田的員工也就會自覺自願地為公司省錢，最後二者實現雙贏。

節約不僅僅是管理者的事情，企業裏每一個人的節約行為都會對企業的整體水準產生影響，也就是說，企業的每一名員工都應樹立節約的意識，讓節約成為企業文化的一部份。

節約是企業與員工的共同選擇，每一名員工都應該以節約為榮，杜絕一切浪費，並將節約轉化為自覺行動，這樣，企業與員工才能共同得到發展。

心得欄 ----------------------------------

◎ 幫公司節約，為自己謀福利

作為一名員工，如果你能夠幫公司節約資源，那麼公司一定會按比例給你報酬。也許你的報酬不會很快兌現，但是它一定會來，只不過表現的方式不同而已。當你養成習慣，將公司的資產像自己的財產一樣愛護，你的老闆和同事都會看在眼裏。

每一名員工都應該明白，自己的薪資收益完全來自公司的收益，因此，公司的利益就是自己利益的來源。「大河有水小河滿，大河無水小河乾」，說的就是這個道理。因此，幫公司節約實際上是在為自己謀福利。

一個很有趣的例子：

新娘過門當天，發現新郎家有老鼠，嘿嘿笑道：「『你們』家居然有老鼠！」

第二天早上，新郎被一陣追打聲吵醒，聽見新娘在叫：「死老鼠，打死你，打死你，居然敢偷『我們』家米吃！」

這就是「過門」意識。我們每個人進了公司，也要有「過門」的心態，把公司的財產當成自己的財產，記住幫公司節約，就是為自己謀福利。許多員工認為自己只是一個打工者，與公司只是一種僱用與被僱用的關係，甚至有意無意地將自己置於同老闆或上司對立的地位，總是認為公司的一切與自己無關，節約下來的一切也只是給公司節約，對自己沒有一點好處。這實在是一種錯誤的認識。

雖然工作與取得報酬有直接的關係，但事實並沒有這麼簡單，如果讓這種想法控制你的思想，那麼可以斷言，你不會有什麼好的發展。但如果你能注意節約公司的財物，那怕只是一張小小的紙片也會給你帶來成功的機會。

在崇尚利潤至上的今天，每一名員工都應有一種為公司節約的意識，只有公司贏利，員工才會贏利。

心得欄 _____

_____

_____

_____

_____

_____

◎ 精打細算，「摳門」的員工很優秀

　　企業生存如居家過日子，企業員工若不會精打細算，不能量入計出，不能開源節流，杜絕浪費，企業的利潤就無法增加。

　　一位優秀的企業員工必然會以節約為己任。他腦海中存在「節約光榮，浪費可恥」的意識，有節約的習慣，還會自我約束、自我監督，像關心自己的家一樣關心企業，從而實現個人與企業的雙贏和共同發展。

　　小雪大學畢業後，在一家文化公司工作。她工作認真又踏實，同事剛開始對她的印象都挺好。可不久，同事們發現她有一些奇怪的舉止：她從來不用公司的一次性紙杯和筷子，總是自備水杯和筷子；她拒絕吃用泡沫塑料飯盒裝的盒飯，總是自備餐具；她經常拿用過一面的紙起草文件，而且經常提醒同事也要這樣。每天下班，她都要確認所有的電源開關都關閉後才會回家。

　　許多同事都有點受不了小雪，認為她是在裝腔作勢。後來，有人忍不住把她的「怪癖」報告給了公司老總。

　　同事們都以為老總會制止小雪，誰知老總只把小雪找去談了一次話，然後就什麼也不提了。半個月後的公司例會上，老總突然宣佈：小雪的那一系列原來被同事看成「怪癖」的行為，現在被列入《員工準則》，要求成為每位員工主動完成的事情。

同事們大吃一驚。不過在新制度施行一個月後，他們驚訝地發現當月的辦公費用竟然節約了許多，同事們便都開始理解小雪了。

如果公司員工欠缺成本意識，就會無形中提高企業的經營成本。如果員工沒有成本意識，那麼對公司財物的損壞、浪費就會熟視無睹，讓公司白白遭受損失，這樣自然就會使公司的開支增加，成本提高。

一個優秀的員工會對勤儉節約始終身體力行。他們宣導艱苦奮鬥，提倡勤儉節約，可別小看上文中小雪的節儉行為，在行為的背後其實隱藏著無數優秀、閃光的品質，例如敬業、責任、感恩……這樣的優秀員工怎麼能不得到老總的青睞呢？這既是企業發展的需要，也是每個員工立身做人的需要。

可見，一旦某位員工養成了克勤克儉、不畏勞苦、鍥而不捨的工作品性，則無論他從事什麼行業，都能在激烈的市場競爭中立於不敗之地。

◎ 鋪張浪費講排場，最虛榮

很多公司在創立之初，特別能吃苦，特別能受累，大有「粉身碎骨渾不怕」、「萬水千山只等閒」之氣勢。可一旦事業有成，人們就鬆懈了下來，開始追求排場與奢華，花起錢來大手大腳，一擲千金，一點都不心疼。他們錯誤地以為，這樣才能與公司的名氣和規模相匹配，才能吸引高端的客戶與人才。結果，不少管理人員貪圖安逸，追求享受，公司內部競相攀比，大大增加了企業的運營成本，許多經濟成果就這樣被白白糟蹋了。

當年，著名的中國德隆集團為了融資，在某省會城市租了五層樓，以四星級賓館的標準進行了豪華裝修，每年房租就高達 1000 萬元，而裏面的工作人員只有 80 多人。他們開出的融資報酬率是年息 18%。據此估算，德隆在此地融資的成本在年息 20%～30%，所以其年收益必須要達到 50% 以上。結果，德隆集團很快就為這份奢侈付出了代價，不久倒閉煙消雲散了。

更為讓人痛心的是，有些企業為了追求表面的風光，不惜血本，瘋狂造勢，大肆宣傳和做廣告，完全不考慮成本和效益。這種狂熱的做法讓無數企業飲恨退出了市場。

說到不惜血本的造勢，就不得不提及當年的中國中央電視台「標王之爭」。

1995 年秦池酒廠以 6666 萬元中標。在當時，6666 萬元意

味著 3 萬噸白酒，足以把豪華的梅地亞中心淹沒到半腰。1996年梅地亞中心再次召開廣告招標大會。

秦池酒廠廠長姬長孔說，1995 年我們每天向中央電視台開進一輛桑塔納，開出一輛奧迪，今年我們每天要開進一輛豪華賓士，爭取開出一輛加長林肯。最後秦池以 3.212118 億元成為「標王」，那時的廣告投標就如脫韁的野馬，讓人無從駕馭，到了發熱、發狂甚至發瘋的地步。一個外國記者問秦池老總 3.212118 億元是怎麼算出來的，他說：「這是我的電話號碼。」投資的隨意性由此可見一斑！3.212118 億元相當於 1996 年全年利潤的 6.4 倍，結果第二年秦池便一蹶不振，走到了破產的邊緣。

同樣的悲劇也曾在愛多企業身上上演。

在秦池以 5.2 億餘元天價中標後，第二年 11 月 8 日梅地亞中心再次廣告招標。愛多的老總胡志標和步步高的老總段永平展開了激烈的爭奪，最後胡志標以 2.1 億元的天價成為「標王」。緊接著，愛多又找到成龍拍了個「愛多 VCD，好功夫」的廣告片。成龍開價是 450 萬元，相當於愛多的全部利潤。不僅如此，1997 年，愛多的老總胡志標結婚，給全國各地的愛多經銷大戶和各個媒體的知名記者送了一份喜帖。喜帖上還貼了 2 張百元大鈔，討一個「兩人圓滿」的彩頭。胡志標和他的秘書、總裁助理林瑩舉行了一場轟動的婚禮，158 萬響的鞭炮，18 輛車牌號碼連在一起的白色賓士車，1000 多位身份顯赫的貴賓。

這樣奢侈的結果，就是兩個月之後，愛多爆發嚴重危機，

隨後轟然垮台。胡志標也因為奢侈所造成的資金緊張，不惜鋌而走險，進行金融詐騙，最後落了個銀鐺入獄的下場。

　　盲目的攀比、一味的奢華，初期顯得非常風光，但一下子，使得許多明星企業由盛轉衰，由強變弱，甚至消失得無影無蹤了。無數企業似乎無法逃脫「富不過三代」的宿命，它像一條咒語一般纏繞在許多中國企業，尤其是家庭企業身上。

　　「成由勤儉敗由奢」，古人這話一點都不假！因此，企業的管理者和員工都要認識到奢侈給企業所造成的嚴重後果，在自己力所能及的範圍內，力戒奢侈之風，保持企業持久、健康地發展。

心得欄 ------------------------------

◎ 要把時間當錢看

如果說大吃大喝、豪宅香車是看得見的浪費，那麼無緣無故地消耗時間便是無形的揮霍。一家企業的生產經營成本並不僅僅是有形的資金、廠房和機器設備，還包括許多無形的部份，如人力成本、行政成本、時間成本，其中又以時間成本最為珍貴。俗話說：商場如戰場，戰場上最珍貴的是什麼？是戰機！而戰機又從何而來呢？便是靠爭分奪秒搶來的。一支部隊早登上山頭三分鐘，便可以做好充足的準備，痛擊對手，而這是多少先進武器、多少鋼鐵意志都換不回來的。說時間也是一種昂貴的成本，並不為過。

在生意場上，你推出一項產品，早推出三個月和晚推出三個月的差別是十分明顯的。早三個月，你便可能搶得先機，在對手最少、利潤最多的時候賺得盆滿缽溢；晚三個月，你便只能跟無數的競爭對手去搶少得可憐的市場佔有率，而且利潤空間還很有限，累死累活地拼上一年，賺的可能還不如人家早先一個月的多——這便是時間成本的差別。

同樣地，在一家企業裏，如果每個人都能夠提高效率，從而把時間盈餘出來，那他便可以做更多的事，而企業的人力成本也可以因此大幅度下降。在沃爾瑪、美國西南航空等國際知名企業裏，員工們便以節約時間見長：透過縝密的計算，他們知道如何運送東西最省時，往回走的時候又剛好可以帶些什麼東西，從而避免有人為

此專門跑一趟……

　　「一寸光陰一寸金」，我們的時間那怕還沒貴到可以和金子相提並論的地步，也是具有一定價值的。當你在企業裏坐著發呆時，當你閑著到處亂逛時，當你拿著報紙閑翻時，時間都在不停地從你身邊流走，從而增加了企業的負擔。如果每個人在上班時間浪費一分鐘，那麼整個擁有 60 人的企業便會浪費一小時，日積月累，這樣的時間成本將是十分驚人的。

　　　心得欄 _____

_____

_____

_____

_____

_____

◎ 學習日本企業的節約精神

「節約是窮人的財富，富人的智慧。」大凡成功的企業都有一個重要的特點——非常節儉。一個企業要想立於不敗之地，就應從細節抓起，提倡節約。

將節儉的觀念運用到現代企業經營中，就能不斷地降低各種成本，提高經營績效。

說到節儉立業，不得不提到日本企業和德國企業。

日本的豐田汽車公司一向以「小氣」而聞名。

有個考察團訪問日本，參觀了赫赫有名的豐田公司，結果驚奇地發現了一些令人驚訝的細節：

抽水馬桶裏放三塊磚，以節省沖水量；男用的便池用白漆畫了兩個白色鞋印，定位而立，以便節省清洗用水；A4 紙正面寫完了，裁成 4 段訂成小冊子，反面作為便條紙；一隻手套用破了，按規定只能換一隻，另一隻等用破了再換；豐田汽車公司如此有錢，卻連一個東京總公司也沒有，原因是東京地價太貴，而且應酬難免增多。

豐田公司視「浪費」為企業的最大毒瘤，並且將浪費仔細分析為：加工時間的浪費、等待的浪費、製造不良的浪費、動作的浪費、搬運的浪費、在庫的浪費。

豐田公司在某種意義上正是靠這「小家子氣」，發家致富，走

向成功的。

幾十年來，豐田公司一直沿襲精打細算的優良傳統。「豐田生產方式」的創造者大野耐一曾經強調說：「豐田生產方式的目標，在於杜絕企業內部的各種浪費，以提高生產效率。」

原來豐田成功的秘密很簡單，就是儘量節儉。豐田公司的 2002 年度中期決算報告顯示，增長的 2243 億日元收入中，1500 億日元來自降低成本的努力，也就是說，在增長的營業收入中，「摳」出來的錢佔總收入的一半還多。

日本的本田公司都是世界上著名的大企業，它們如此節儉，這相對於企業習慣於大肆鋪張、企業費用居高不下等情況而言，是一面很好的鏡子，日本人的節儉意識應當引起每一個人認真思考：如何把每一分錢用在刀刃上。

心得欄 ----------------------------------

◎ 讓節約成為自己的工作方式

　　節約，是一種生產力。有了節約，少了浪費，自然就可省出相當一部份的資源、能源，這實際上也就是在創造價值。反之，如果只注重生產、發展，而忽視了節儉，儘管產出很高，但開支、浪費也大，那社會財富又怎麼能積累起來呢？在當今競爭如此激烈的商業社會裏，就算是在很小的地方去節省，積少成多，最後節省出來的東西也是可觀的，甚至可能成為贏利和虧本的區別。

　　法國作家大仲馬曾精闢地說：「節約是窮人的財富，富人的智慧。節約是世上大小所有財富的真正起始點。」

　　猶太人有世界公認的經商天賦，但是如果說他們的財富完全來自於天賦，是不確切的。除天賦外，猶太人的財富可以說是來自儉樸和勤奮。猶太民族是一個多災多難的民族，早在幾千年前，就有摩西率領猶太人走出埃及的記載，在二戰中，猶太人又慘遭屠殺。苦難的生活使猶人人養成了節約的好習慣。在猶太教的教義裏，有這樣一句話：「儉樸使人接近上帝，奢侈讓人招致懲罰。」這可謂是猶太人生活的準則。

　　猶太人憑著節儉，以及過人的經商天賦，雖然經受了許多苦難，但是在二或以後，他們很快就在落腳地「發家致富」，擁有了巨額財富。卡特總統的財致部長布魯門切爾就是用十幾年時間白手在實業界打出一片天地的，40 歲時已成為著名的本迪克斯公司的老

總。

在對猶太民族懷有偏見的人看來，猶太人無法擺脫掉「吝嗇」的指責。實際上猶太人是對奢侈的東西吝嗇，他們應當被稱為「節儉家」。我們看一下猶太人商店陳列的廉價品就知道了。一般的猶太人消費的就是那些廉價品，例如沒有香料的肥皂和沒有牌子的化妝品、餐具。無論是在芝加哥、紐約，還是在洛杉磯，只要猶太人逛街，他們總會買價廉物美的貨品。

猶太人把「儉樸使人接近上帝，奢侈讓人招致懲罰」的理念深深地刻進了自己的骨髓裏。

在雪梨奧運會期間舉行的一個由世界各地傳媒大亨參加的新聞發佈會上，人們突然發現，坐在第一排的美國傳媒巨頭 NBC 副總裁麥卡錫突然蹲下身子，鑽到桌子底下去了。大家目瞪口呆，滿臉疑惑，不知這位大亨為何在大庭廣眾之下會有如此不雅之舉。過了一會兒，麥卡錫從桌子底下鑽了出來，看著眾人滿臉的驚疑，揚了揚手中的雪茄說：「對不起，我的雪茄掉到桌下了。我的母親曾告訴我，要珍惜自己的每一分錢。」

從麥卡錫身上，我們看到了猶太人節儉的思想。愈是富有，愈要有節儉思想，愈要有良好的教養，愈要有本民族的傳統美德。

猶太人在商業上獲得的巨大成功，得益於他們在生活和工作中養成了節約的習慣。

猶太人將節約作為自己的生活和工作方式，他們曾因為這種方式渡過難關，他們也因為這種方式而成為百萬富翁，這就是他們擁有經商天賦的奧秘。

節約是一種美德，更是員工愛企業如家的重要表現，是企業對每個員工的基本要求，同時也是企業在市場競爭中生存與發展的客觀需要。每一個員工都要向猶太人學習，讓節約成為自己的生活和工作方式，使公司和自己變得更加富有。

◎ 積極補位，多做一些工作

在企業中，職能的閒置或重疊，分工沒有落實好，都會導致缺位、錯位的現象。有時做一件事需要得到他人的協助，如果分工沒有做好，別人可協助也可不協助，那麼要做的這件事就很難做了。在工作中，如果有一名員工缺位，那麼就很有可能帶來等待、停滯等現象，這樣就會在很大程度上降低工作的效率。其實，很多組織做事效率不高，很大程度上就是因為個別人的缺位。

所以，企業要提高效率，降低生產成本，需要每一名員工的積極補位。只有在工作中具有積極補位的意識，才可以避免一些無謂的浪費，提高企業的效率，創造更多的利潤。

羅誠是一家跨國集團的總裁，常年都要坐飛機到國外去打理公司的業務。有一次，羅誠出差到日本東京。東京的夜景世界聞名，一天晚上，羅誠請在日本工作的弟弟陪他上了住友三角街的頂層，這裏是東京觀賞夜景的最佳地點。與紐約、洛杉磯、新加坡等地金光閃亮耀眼的夜晚不同，東京的夜景宛如星

河瀉地，銀燦燦一望無際。

看著無數燈火通明的辦公大樓，羅誠問弟弟：「為什麼這麼晚了，辦公樓還都亮著燈？」

弟弟回答道：「一般公司職員都工作到很晚。」

在日本期間，羅誠白天有自己的工作安排，傍晚下班後，他總在弟弟工作的公司附近與他會合，兩個人一起逛街。

有一天，羅誠等了很久不見弟弟的蹤影，於是就進他的公司去找。羅誠本以為這麼晚了，公司裏一定會空空蕩蕩的，可推開辦公室的門，卻看到裏面熙熙攘攘，一大半屋子的人都還在忙碌著，而這時已經下班一個多小時了。

退出門時遇上了弟弟，羅誠問他：「下班這麼久了你的同事怎麼還不走？」

弟弟說：「日本人就這樣，其實他們也不是必須加班不可，只是幹活兒幹得意猶未盡，還想再找點什麼事做做。」

那天乘輕軌火車返回東京遠郊的住所時，已是深夜了，而車廂裏擠得滿滿的。望著眼前這群滿臉倦意、默然站立的日本「上班族」，羅誠內心震動了——他們竟然是這樣工作的！

每一名員工都應該有補位意識，不要像機器一樣只做分配給自己的工作。一位知名企業家說過：「除非你願意在工作中超過一般人的平均水準，否則你便不具備在高層工作的能力。」

在企業中，如果你能做到在原來的基礎上更加努力地多做一點，你就會取得更好的成績，獲得更多的收益。

積極補位，從另一方面也可以理解為多做一些分外的工作。沒

有那個老闆不欣賞這樣的員工，因為任何一個老闆都知道，只有這樣的員工才能使企業避免浪費，才能為企業創造利潤。

凱特在一家五金店做事，每月的薪水是 75 美元。有一天，一位顧客買了一大批貨物，有鏟子、鉗子、馬鞍、盤子、水桶、籮筐，等等。這位顧客過幾天就要結婚了，提前購買一些生活和勞動用具是當地的一種習俗。貨物堆放在獨輪車上，裝了滿滿一車，騾子拉起來也有些吃力，顧客希望凱特能幫他把這些東西送到他家去。其實送貨並非是凱特的職責，凱特完全是自願為客戶運送如此沉重的貨物。

途中車輪一不小心陷進了一個不深不淺的泥潭裏，顧客和凱特使盡了所有的力氣，車子仍然紋絲不動。恰巧有一位心地善良的商人駕著馬車路過，幫他們把車子拉出了泥潭。

當凱特推著空車艱難地返回商店時，已經很晚了，但老闆並沒有因凱特的額外工作而稱讚他。一個星期後，那位商人找到凱特並告訴他說：「我發現你工作十分努力，熱情很高，尤其我注意到你卸貨時清點物品數目的細心和專注。因此，我願意為你提供一個月薪 500 美元的職位。」凱特接受了這份工作。

在實際工作中，每一名員工都應該多做一些分外的工作，也許你的一些額外的付出會給你贏來財富。

如果你是一名貨運管理員，也許可以在發貨清單上發現一個與自己的職責無關的未被發現的錯誤；如果你是一個過磅員，也許可以質疑並糾正磅秤的刻度錯誤，以免公司遭受損失；如果你是一名郵差，除了保證信件能及時準確到達，也許可以做一些超出職責範

圍的事情……這些工作也許是專業技術人員的職責，但是如果你做了，就等於為企業節省了資源，創造了利潤。

不要輕視分外的工作，每一項工作都要全力以赴地去做，終有一天你會因為自己做了一項分外的工作而為公司作出貢獻，為自己贏得機遇。

在職場，我們不但要把自己的工作做到位，而且還要善於補位，只要關係到公司利益的事務，我們就應該把它做好。儘管這些老闆並沒有吩咐去做，但我們所做的一切，都將會為我們贏得很好的回報。

只有樹立積極補位的意識，主動地去做分外的工作，才能使企業避免無謂的浪費，並為企業節省人力和物力。

心得欄 -

- -

- -

- -

- -

- -

◎ 將小事做好，就是為公司省錢

每個公司裏，幾乎都有想幹大事的人，他們認為幹大事是有能力的表現，會讓他們顯得風光。具體到一項計劃，他們總想幹那些顯得重要和表現上風光的工作，所以對待一些小事和細節，就心不在焉，敷衍了事。

要知道，一項計劃是由很多細小的工作組成的，而每一項細小的工作又是由許多細節組成的。如果不注重細節，不重視做好每一項細小的工作，就容易出現紕漏，1%的錯誤往往會帶來 100%的失敗。所以，執行一項計劃時，要把每一個細節都做好，這樣才能為公司節約成本，贏得利潤。

維斯卡亞公司是 20 世紀 80 年代美國最為著名的機械製造公司，其產品銷往全世界，並代表著當時重型機械製造業的最高水準。許多人畢業後到該公司求職都遭到拒絕，因為，該公司的技術人員爆滿，不再需要此類技術人才。但是，令人垂涎的待遇和足以炫耀的地位仍然向那些有志於此的求職者閃爍著誘人的光環。詹森和許多人的命運一樣，在該公司每年一次的用人招聘會上被拒，但詹森並不灰心，他發誓一定要進入這家公司工作。

於是，他找到公司人事部，提出為該公司無償提供勞力，請求公司分派給他任何工作，他將不計任何報酬來完成。公司

起初覺得不可思議,但考慮到不用任何花費,也用不著操心,於是便分派他去打掃工廠的廢鐵屑。

一年下來,詹森勤勤懇懇地重覆著這種既簡單又勞累的工作。為了糊口,下班後他還得去酒吧打工。儘管他得到了老闆及工人們的一致好感,但仍然沒有一個人提到錄用他的問題。

20 世紀 90 年代初,公司的許多訂單紛紛被退回,理由均是產品品質問題,為此公司蒙受了巨大的損失。公司董事會為了挽救頹勢,緊急召開會議,商議對策。當會議進行一大半還不見眉目時,詹森闖入會議室,提出要見總經理。在會上,他就該問題出現的原因作了令人信服的分析,並且就工程技術上的問題提出了自己的看法,隨後拿出了自己的產品改造設計圖。

這個設計非常先進,既恰到好處地保留了原來的優點,又克服了已經出現的弊病。

總經理及董事覺得這個編外清潔工很是精明在行,便詢問他的背景及現狀。於是,詹森當著高層決策者們的面,將自己的意圖和盤托出。之後經董事會舉手表決,詹森當即被聘為公司負責生產技術問題的副總經理。

原來,詹森利用清掃工到處走動的便利特點,細心察看了整個公司各部門的生產情況,還做了詳細記錄。他發現了工程技術上所存在的技術問題並想出了解決的辦法。這樣,他花了一年時間做的設計,以及做的大量統計數據,為最後一展雄姿奠定了基礎。

任何一個公司都欣賞注重細節,把小事做細、做好的員工,因

為這樣的員工會為公司創造大的利潤。

做好小事就是為公司省錢，換一句話說，做好小事實際上就是為公司創收。

喬·吉拉德認為，賣汽車，人品重於商品。一個成功的汽車銷售商肯定有一顆尊重普通人的愛心。他的愛心體現在他的每一個細小的行為中。

有一天，一位中年婦女從對面的福特汽車銷售商行出來後，走進了喬·吉拉德的汽車展銷室。她說自己很想買一輛白色的福特車，就像她表姐開的那輛，但是福特車行的經銷商讓她過一個小時之後再去，所以她先到這兒來瞧一瞧。

「夫人，歡迎您來看我的車。」喬·吉拉德微笑著說。

婦女興奮地告訴他：「今天是我 55 歲的生日，想買一輛白色的福特車送給自己作為生日禮物。」

「夫人，祝您生日快樂！」喬·吉拉德熱情地祝賀道。隨後，他輕聲地向身邊的助手交代了幾句。

喬·吉拉德領著這位夫人從一輛輛新車面前慢慢走過，邊看邊介紹。來到一輛雪佛蘭車前時，他說：「夫人，您對白色情有獨鐘，瞧這輛雙門式轎車，也是白色的。」就在這時，助手走了進來，把一束玫瑰花交給了喬·吉拉德。他把這束漂亮的鮮花送給這位夫人，再次對她的生日表示祝賀。

那位夫人感動得熱淚盈眶，非常激動地說：「先生，太感謝您了，已經很久沒有人給我送過禮物。剛才那位福特車的經銷商看到我開著一輛舊車，以為我一定買不起新車，所以在我提

出要看一看車時，他就推辭說需要出去收一筆錢，我只好上您這兒來等他。現在想一想，也不一定非要買福特車不可。」就這樣，這位婦女在喬・吉拉德這兒買了一輛白色的雪佛蘭轎車。

一件小事被喬・吉拉德做得極其完美，同時也為他贏得了利潤。

因此，不要小看一件平凡的小事，只要有益於自己的工作和事業，無論多麼小的事情我們都應該全力以赴。用小事堆砌起來的事業大廈才是堅固的；用小事堆砌起來的工作才是真正有品質的工作。所有的「不平凡」，都是由許多個「平凡」累積起來的。

作為一名員工，把眾多的細小之事做好，就是最實際、最可行的節約之道。

心得欄 ＿＿＿＿＿＿＿＿＿＿＿＿＿＿＿＿＿＿＿

＿＿＿＿＿＿＿＿＿＿＿＿＿＿＿＿＿＿＿＿＿

＿＿＿＿＿＿＿＿＿＿＿＿＿＿＿＿＿＿＿＿＿

＿＿＿＿＿＿＿＿＿＿＿＿＿＿＿＿＿＿＿＿＿

＿＿＿＿＿＿＿＿＿＿＿＿＿＿＿＿＿＿＿＿＿

＿＿＿＿＿＿＿＿＿＿＿＿＿＿＿＿＿＿＿＿＿

◎ 奉行「斤斤計較」的成本管理理念

任何一家企業一旦贏得了總成本領先的地位，就可以獲得更強的競爭力，更大的利潤空間，以及那些對價格敏感的顧客的忠誠。在微利競爭時代，遵循「絕不多花一分錢，絕不多浪費一分鐘，絕不多僱用一名員工」的原則，奉行「斤斤計較」的成本管理理念已經成了企業獲得競爭優勢的撒手鐧。

石油大王洛克菲勒在創業初期，不像現在這樣財大氣粗，他對成本的有效控制幫助他完成了原始資本的積累。

在經營當中，洛克菲勒曾經說過一句很有意義的話：「緊緊地看好你的錢包，不要讓你的金錢隨意出去，不要怕別人說你吝嗇。當你的錢每花出去一分，都要有兩分錢的利潤，才可以花出去。」

洛克菲勒曾在一家公司做記賬員，幾次在送交商行的單據上查出了錯漏之處，為公司節省了數筆可觀的支出，因此深得老闆賞識。後來，洛克菲勒在自己的公司中，更是注重成本的節約，提煉加工原油的成本也要計算到第 3 位小數。為此，他每天早上一上班，就要求公司各部門將一份有關淨值的報表送上來。經過多年的商業訓練，洛克菲勒已經能夠準確地查閱報上來的成本開支、銷售以及損益等各項數字，以此來考核部門的工作。

曾經有一次，他質問一個煉油的經理：「為什麼你們提煉 1 加侖原油要花 1 分 8 厘 2 毫，而東部的一個煉油廠幹同樣的工作只要 9 厘 1 毫？」

洛克菲勒甚至連一個價值極微的油桶塞子也不放過，他曾給煉油廠寫過這樣一封信：「上個月你廠彙報手頭有 1119 個塞子，本月初送去你廠 10000 個，一月你廠使用 9527 個，而現在報告剩餘 912 個，那麼其他的 680 個塞子那裏去了？」

洞察入微，刨根究底，不容你打半點馬虎眼，正如後人對他的評價：洛克菲勒是統計分析、成本會計和單位計價的一名先驅，是今天大企業的「一塊拱頂石」。

正是由於洛克菲勒奉行了「斤斤計較」的成本管理理念，才使他的公司在競爭激烈的石油業蓬勃發展，逐漸壯大起來，最終擁有了壟斷美國石油業的巨大資本。

企業管理的一個根本任務就是不斷降低成本。成本是市場競爭成敗和能否取得經濟效益的關鍵，是企業提高競爭能力的核心所在。因此必須推行「斤斤計較」的成本管理理念。單純地靠提高價格來消化成本，在微利時代是不可行的，風險也比較大，努力地降低成本才是最佳選擇。

中國的溫州一個生產小件禮品的廠家，單個產品的平均利潤空間為 3 元，所以成本控制就顯得尤為重要。於是，該廠運用精細生產管理逐項分析，逐項改善成本控制。在具體實踐中，他們將各項成本，特別是可控成本，分門別類細化到最末端，然後在總量控制的基礎上，將各成本項目考核指標層層分解，

落實到人或物，對責任人或單位進行考核。例如，將電話費細化到每一部電話，辦公費細化到每一位職工，制定出各部門、各處室、各項費用甚至每位職工的支出限額。

在這些措施的基礎上，結合各部門的特點，該廠推出了 3 套成本考核方案：在工廠廠房考核每小時消耗指標和全年生產費用支出指標；對行政辦公部門費用開支實行剛性約束，「限額支報、超支不補」；對市場部門的費用開支則採取「以收定支」的方法，進行彈性預算管理，費用額度隨實現的銷售收入浮動，既實施了控制，又保護了生產積極性。這些措施使生產過程中的物耗和費用得到有效控制，促使各部門自覺建立「購、存、領、耗」全過程的成本管理制度，杜絕了人為浪費和營私現象，並在全體員工中牢固樹立了成本觀念。目前該廠從一支筆、一張紙，到幾十萬元的生產項目；從主要生產部門到後勤管理部門，各項成本費用都處於有效控制中。

可以說這個廠正在奉行「斤斤計較」的成本管理理念，所以才能保證該廠在狹小的利潤空間裏得以生存。

降低成本無止境。管理者必須充分認識到，降低成本的潛力是無窮無盡的，內容是豐富多彩的，方式是多種多樣的，它貫穿於生產經營活動的始終。這就需要我們各級部門和人員樹立強烈的降低成本意識，並努力在工作中去實踐。

企業只有嚴格控制並不斷降低生產經營成本，員工只有將這種降低成本的意識落實到實踐中，企業才能在競爭中取勝，在變化不定的市場中贏利和生存。

◎ 紙張雖小，累積起來不得了

「善待紙張，節約資源」，如今，許多企業單位都在辦公室的印表機旁貼上了這樣的標語。

一張紙雖薄，但也有價值，節省公司裏的每一張辦公紙就好比為公司節約每一分錢，價值雖小，但能積沙成塔，集腋成裘，節省下來的就是財富。

雖然「無紙式辦公」時代即將來到，但對於很多公司來說，複印紙和打印紙還是必不可少的，也是公司裏一項不小的開支。尤其是一些文化、出版公司，其用紙量很大，減少用紙量、提高紙的使用率將是每一個公司需要重視的。

下面是一些「有心人」為我們提供的節約用紙的小建議，相信會對公司有所幫助：

1. 在印表機旁擺放收集箱

準備幾隻箱子，其中一隻箱子標上「單面列印」，表示箱中的紙只單面列印過，下次還可再用，再拿一隻箱子標上「回收紙」，表示兩面都用過，是等待回收的廢紙。

2. 高效列印和複印

在列印之前先仔細檢查，沒有錯誤再列印，之後可以將所要列印的文件做一些格式、字號上的調整，這樣可以節省列印的張數。在複印前，利用影印機的縮小比例功能進行複印，並且在影印機上

貼上一個說明，使得所有員工都知道該如何去做。

3. 收集廢棄的紙張和過期的報紙、雜誌，然後集中賣掉

設立一個專門放置廢紙的地方，把廢紙集中起來賣掉，這將是一筆不可低估的收入。

在為企業增加了收入的同時還能環保：回收一噸廢紙可以少砍17 棵大樹，生產 800 千克好紙，減少 35%的水污染，節省一半以上的造紙能源。

心得欄 ----------------------------------

◎ 言簡意賅，節約話費

如今，很多企業在各地都設有辦事處、銷售部等，或者客戶分佈在各地甚至世界各國，頻繁的話務聯繫使得國際、國內長途話費佔了公司開支的很大一部份。動輒數萬元的電話帳單，給企業壓上了沉重的負擔，其中有一部份是由某些人員「煲電話粥」和私事打電話的行為引發的浪費。

作為企業的一分子，節約電話費人人有責，我們都應該尋找各種各樣的方法來降低話費成本。

1. 小妙招巧降電話費

王老闆開了一家外貿公司，公司剛起步，那裏都需要花錢，尤其是每個月底收到巨額電話費單時，他都要心痛不已。

為了降低話費成本，他費盡了心思。一開始他將電話設定為 5 分鐘自動斷線，但結果很多業務員在跟客戶談話時沒有注意時間，所以電話經常突然中斷，這讓客戶很惱火。於是王老闆只好另覓良策。

有一天，他在跑市場時意外地找到了好方法。他購買了一批可用作擺設，又可用作計時的「3 分鐘限時沙漏」，擺在員工的桌上。

業務員打電話時看著沙漏完剛好是 3 分鐘，又有趣又可以計時，因而大受歡迎。半年下來，電話費大大降低了。

2.尋找電話業務，節省話費

現代科技日新月異，市場上已經出現了大量能夠節省電話費的電話業務，企業應該有效應用這些產品來降低電話成本。

用 IP 卡時，都要先撥一長串阿拉伯數字，很麻煩，所以我們可以捆綁電話號碼的 IP，每次只需先撥 5 個阿拉伯數字，再接著撥目標「長途區號+電話號碼」即可。

另外，如果電話業務量大，一些電信公司會提供一些優惠的套餐，選擇合適的套餐能為公司節約大筆話費。

心得欄 _____

_____

_____

_____

_____

_____

◎ 減少不必要的公物使用

在工作中，我們會接觸到很多辦公用品，大到桌子、椅子、文件櫃，小到筆、紙、曲別針等，可以說，我們的工作離不開辦公用品，但是，辦公用品大多是易耗品和常耗品，稍一手鬆，則可能在不經意間造成較大的浪費。反之，如果在每個細節上都嚴格控制，那麼長期累積下來，也會是一筆不小的數額。所以，要想讓公司減少成本，獲得更多利潤，就需要我們每個員工都有節約意識，都從自己做起，從小事做起，杜絕無端浪費，為公司和自己謀取福利。工作中應處處講節約，從節水、節電、節約辦公用品的一點一滴做起，節約工作如果蔚然成風，將會形成大家的自覺行動。下面簡單介紹幾種辦公室適用的節約辦法：

1. 適當使用二手的辦公用品

工作中常用到的桌椅、屏風、二手電腦、影印機等設備，如果選用二手的，必然可以節約許多的辦公費用。

此外，節約辦公用品還需注意以下一些小方面：

廢舊物回收利用。回收辦公室廢舊資源（如玻璃、廢紙、鐵鋁罐），主動設置回收箱，收集、變賣廢舊物品的錢還可以再次購買辦公用品。

提倡辦公室節水。節約用水不僅限於家庭，在辦公室內也應提倡。例如提倡隨手關水龍頭，改善衛浴設備、改裝氣壓式水龍頭等。

明確採購目的，一定貨比三家。如果見一家有該物品便急匆匆購買，則可能要付出更高的價錢。

2.養成「四關」的習慣

下班後或不使用的時候記得關冷氣機、台燈、電腦、印表機等，可以減少不必要的耗電。

3.利用分棵移植，省下公司觀賞植物費用

為了改善公司的內部環境，公司會購買一些觀賞用植物。如果公司規模很大的話，這也是一筆不小的支出。

我們可以先購買一些觀賞用植物，用心培育，然後將其分棵移植，以增加數量，從而同樣達到改善環境的目的。

4.辦公用品最好一次大批量採購

易耗的辦公物品可以一次大批量訂購，因為大量訂貨能降低價格。對存在季節性的物品(如節日賀卡)可以提早訂貨，以便爭取到更好的價格。

節約辦公用品，杜絕辦公浪費，需要每個員工發揮主觀能動性，為企業節約辦公用品獻計獻策。因此，必須將節儉精神貫徹到每位員工的舉手投足之間，使節約成為每個員工都應盡的職責。

◎ 富人的節約智慧

很多人抱怨自己薪資低，不能「五子(票子、房子、車子、妻子、孩子)登科」，即使有也只是小資，不是中產階級，即使到了中產階級，也不算富人。有這樣想法的人放棄了讓自己更加成功、富有的機會，沒有明白積累財富、獲得成功的真正起點是養成屬行節約、儲蓄金錢、自我克制的習慣。

股神巴菲特坐擁億萬資產，但仍然住在幾十年前買的小房子裏，親自去商場購物，並且每次都把商場給的優惠券收好，以便下次購物時使用。

有人問他：「你這麼有錢，為什麼還使用優惠券呢？這樣做能節省多少呢？」

巴菲特答道：「省下的可不少呢，足足有上億美元呢。」

「一天省個一兩美元，能夠省下一億美元？」雖然巴菲特是股神，但那人還是懷疑。

巴菲特分析道：「雖然每天省一兩美元，從表面上看起來沒有多少，但是如果我一直這樣堅持，一生中我大約能省下 5 萬美元。而你不這樣做，那麼，假如我們其他收入一樣多的話，我至少比你多出 5 萬美元。更重要的是，我會將這 5 萬美元用於我的投資，購買股票。根據過去幾年來我投資股票獲得的年平均 18％的收益率來計算，這些錢每過 4 年就會翻一番，4 年

後我就會有 10 萬美元，40 年後將達到 5120 萬美元，44 年後就超過了 1 億美元，60 年後就超過了 16 億美元。如果你每天省下一兩美元，到時候你會擁有 16 億美元，你會怎麼做？」

可見，懂得節約的人才能不斷積蓄財富，創造財富。致富之道，貴在「勤儉」二字。當用則用，當省則省。否則，縱然有天大的賺錢本領，也不夠自己「花」的。

洛克菲勒步入商界，剛開始步履維艱。有一天晚上，他從報紙上看到一則出售發財「秘訣」的廣告，高興至極，第二天急急忙忙到書店去買了一本。他迫不及待把買來的書打開一看，只見書內僅印有「勤儉」二字，這讓他大為失望和生氣。

洛克菲勒回家後，思想十分繁雜，幾天夜不成眠。他反覆考慮該「秘訣」的「秘」在那裏。起初，他認為書店和作者在欺騙他，一本書只有這麼簡單的兩個字，他想指控他們在欺騙讀者。後來，他越想越覺得此書言之有理。確實，要致富，必須勤儉。這時，他才恍然大悟。

此後，他每天都注意節省小錢並進行儲蓄，同時加倍努力工作，千方百計增加收入。這樣堅持了三年，他積存下 800 美元，然後將這筆錢用於經營，最終成為美國屈指可數的大富豪。

看來，財富和偉業並不天生就屬於某一個人，富人之所以富有，並不是他們運氣有多好，而是他們比一般人更加勤儉。不懂得節省小錢的人，大錢也肯定與他無緣。只有擁有節約的好習慣，你的人生才會變得更加充實和富有。

日本麥當勞漢堡莊的創始人、經營者藤田田，年輕時曾有

過一段不凡的經歷。

藤田田 1965 年畢業於日本早稻田大學經濟學系，畢業之後在一家大電器公司打工。1971 年，他看準了美國連鎖速食文化在日本的巨大發展潛力，決意在日本創立麥當勞事業。而要取得麥當勞特許經營資格，首先需要 75 萬美元的特許經營費。當時的藤田田是打工一族，只有 5 萬美元的存款，他東挪西借也只借到 4 萬美元。但是，他並沒心灰意冷，他寫好創業計劃書後，來到住友銀行總裁辦公室。

總裁瞭解了他的情況後問：「你剛畢業不久，怎麼來的 5 萬美元的存款？」

「是我畢業後 5 年按月存款的收穫。」藤田田說，「5 年來，我堅持每月存下一定數量的薪資和獎金，從未間斷。有時候，碰到意外事件需要額外用錢，我也照存不誤。我必須這樣做，因為在跨出大學門檻的那一天我就立下宏願，要以 5 年為期，存夠 5 萬美元，然後自創事業。現在機會來了，我一定要開創自己的事業。」

藤田田講完後，總裁問明瞭他存錢的那家銀行的地址。送走藤田田後，總裁驅車前往那家銀行，親自瞭解藤田田存錢的情況。

櫃台小姐瞭解了總裁的來意後，說了這樣幾句話：「哦，是問藤田田先生啊。他可是我接觸過的最有毅力、最有禮貌的年輕人。5 年來，他準時來我這裏存錢，對這麼嚴謹的人我真是佩服得五體投地！」

聽完櫃台小姐的話後，總裁大為動容，立即打通了藤田田家裏的電話，告訴他住友銀行可以無條件地支持他創建麥當勞事業。

「合抱之木，生於毫末；九層之台，起於壘土；千里之行，始於足下。」致富其實並不神秘，節約是成「財」之母，因為節約是一種克制，一種堅持，一種信念。節約的人不僅會使用錢，也會掙錢。

巨富約翰‧阿斯特在晚年說：如今他賺 10 萬美元並不比以前賺 1000 美元難。但是，如果沒有當初的 1000 美元，也許他早已餓死在貧民窟裏了。

湯瑪斯‧利普頓爵士說：「有許多人來向我請教成功的訣竅，我告訴他們，最重要的就是勤儉。成功者大都有儲蓄的好習慣。任何好朋友對他的幫助、鼓勵，都比不上一個薄薄的小存摺。唯有儲蓄，才是一個人成功的基礎，才具有使人自立的力量。儲蓄能夠使一個年輕人站穩腳跟，能使他鼓起巨大的勇氣、振作全部的精神、拿出全部的力量，來達到成功的目標。」

節約是責任心的體現，節約是對自身慾求有節制，節約是一種傑出的能力。每一個員工都應該在工作和生活中養成這樣的品質，並形成習慣，才能成「財」。

◎ 節約才能成功

　　擁有億萬財富的洛克菲勒家族，7 至 8 歲的孩子每週只有 30 美分的零花錢，11 至 12 歲的每週有 1 美元，12 歲以上的每週有 3 美元。這些零花錢每週發一次，同時發給每個孩子的還有一個小帳本，要他們記清楚每筆錢支出的用途。當下次領錢時，需要孩子們將帳本交給家長審查，錢賬清楚、用途正當的下週增發 5 美分，反之則減。

　　超有錢的歌壇常青樹芭芭拉・史翠珊到星巴克喝咖啡，付錢時她竟拿出從報紙上剪下的折價券，只為節省 0.5 美元。

　　聽了這些故事，是不是覺得這些富人太摳了，是不是覺得他們摳得太過分了？

　　但是，節約不僅僅是省錢，而是一種美德和品格，更是一種能力，體現了一種自我約束和自我克制的能力。不僅如此，節約對於提升人的品行，對於人的其他能力的培養也大有裨益。崇尚節約、愛惜錢財正是他們成功的訣竅，他們因為節約而成功，因為節約而富有。懂得節約的人，有追求、有目標、有遠見，他們把錢用於創立更有益、更宏偉的事業。

　　聞名全球的大發明家本傑明・佛蘭克林就是一個節約的榜樣。他很富有，但他很勤儉。他憑著勤儉的習慣、睿智的大腦和獨特的人格魅力，為費城創建了第一所醫院以及後來發展為賓夕法尼

亞大學的費城學院，創建了美國第一家公共圖書館，最先組織了消防廳，遠赴法國籌措到了華盛頓進行獨立戰爭的資金……他的力量和卓越的基礎在於他很早就懂得了勤儉。

當然，成功、富有不為名人壟斷，節約也不是名人所獨有。節約才能成功，只要你做到了，你就能。

一個生意人白手起家，家產千萬。他有一子，兒子開始求學後，有點恃富而驕。這位父親怕孩子有條件不好好學習反受富所害，夫妻倆商量，為了兒子的前途，毅然決定結束在大城市裏紅火的生意，且變賣一切家私，告訴兒子破產了，要回到老家去生活。於是，夫妻倆十多年守著幾百萬家財而過著貧窮的日子。兒子倒也爭氣，沒有讓這對夫妻失望，考上了清華大學。艱苦十多年換來了兒子的勤奮好學。

這個富二代是幸運的，他的父親白手起家，深諳節約對於成功的意義，靠節約助他成才。

因為天道酬勤，天佑奮進，節約才能成功，而衰敗大多是因為太過奢侈。

培根曾說：「如果一個人在自己的收入範圍內可以過得很好，那麼他的開支就不應該超過收入的一半，剩下的應該存起來。」

節約不是小事，事關興敗。「歷覽前賢國與家，成由勤儉敗由奢。」俗話說「成家好似針挑土，敗家好似水推沙。」過去有個俚語：「有錢時要想到無錢日，不要等到無錢時想到有錢日」，就是說平時要節約，不要浪費。勤儉是創造財富的基礎，也是許多優秀品德培養和能力提升的途徑。

◎ 節約才能成為「永久」贏家

《聊齋志異》中的一個故事，說是一個富裕人家的子弟自恃富有，不注意節約，吃餃子只吃餡，吃剩的餃子邊隨手扔掉，被人稱作「丟角太尉」。後來，這個富家子弟陷入貧困。一次，一位老者將正在乞討的他引入一間倉房，裏面堆滿了這個富家子弟以前扔掉的餃子邊，令其十分慚愧。這個故事在民間廣為流傳，正是對不知節約者的警告。

古諺語說：「節約好比燕銜泥，浪費好比河決堤。」節約是在一點點積累，而浪費造成的影響卻很大。勤儉是通向成功、富有的階梯和方法，奢侈往往同淪落、衰敗結伴而行，丟棄勤儉節約也就丟棄了成功、富有。

浪費反映了一個人人生觀和價值觀的偏頗和瑕疵，浪費會消磨人的進取精神，使一個人膨脹的物慾和有限的現實條件之間的矛盾不斷尖銳，最終使人因慾望不能得到滿足而灰心喪氣、意志消沉、終不得志。

在競爭日益激烈的今天，節約已經不僅僅是一種傳統的美德，更是一種高尚的職業素養。它可以增強競爭力，從而成為一種成功的資本。對個人如此，對企業也一樣。

沃爾瑪以「全球最低價格」聞名全世界，這也是沃爾瑪的核心競爭力。「幫助顧客省錢，讓他們生活得更美好」是沃爾瑪

的核心使命。沃爾瑪超市商品的價格肯定是最便宜的。沃爾瑪之所以能做到最低價，其中一個重要原因就是拼命地降低自己的成本，減少一切不必要的開支和浪費。

　　沃爾瑪對成本費用的節約理念貫徹得非常到位。在沃爾瑪，公司規定所有複印紙都必須雙面使用(重要文件除外)，違者將會受到處罰。沃爾瑪就連工作記錄本，都是用廢紙裁成的。

　　沃爾瑪(Wal-Mart)的命名，也同樣體現了公司創始人山姆‧沃爾頓(Sam Walton)先生的節約作風。通常而言，美國人大都比較習慣用創業者的姓氏來為公司命名。按說，Wal-Mart本應叫Walton-Mart，但沃爾頓在為公司確定名字的時候，把製作霓虹燈、看板和電氣照明的成本全都考慮了一遍，他認為省掉「ton」三個字母能節約不少錢，於是就成了「Wal-mart」七個字母了。

　　在行政費用的控制方面，沃爾瑪幾乎做到了極致。在行業平均水準為 5%的情況下，整個沃爾瑪的管理費用僅佔公司銷售額的 2%，換言之，沃爾瑪一直用 2%的銷售額，來支付公司所有的採購費用、一般管理成本及員工薪資。

　　在沃爾瑪，節約精神已經上行下效，蔚然成風。有人曾問沃爾頓為什麼能成為最富有的人，以及該如何經營企業。他說道：「答案非常簡單，因為我們珍視每一美元的價值。我們的存在是為顧客提供價值，這意味著除了提供優質服務之外，我們還必須為他們省錢。我們能愚蠢地浪費掉任何一美元，因為那都出自我們顧客的錢包。每當我們為顧客節約了一美元時，那

就使我們自己在競爭中領先了一步。這就是我們永遠要做的。」

　　節約精神使得沃爾瑪在創造財富的同時，也在不斷地積累財富；在不斷降低成本的同時，又能夠更多地向顧客讓利，做到天天平價，從而為企業贏得了競爭優勢，並領先於同行，成為了「永久」贏家。

　　台灣「經營之神」王永慶曾說：「最有效的摒除惰性的方法就是保持節約。節約可以使企業領導者和員工冷靜、理智、勤勞，從而使企業獲得成功。」因此，所有的企業和員工都必須重視節約精神的重要作用，並付諸行動努力去做，才有可能成為「永久」贏家。

心得欄 ┈┈┈┈┈┈┈┈┈┈┈┈┈┈┈┈┈┈┈┈┈

┈┈┈┈┈┈┈┈┈┈┈┈┈┈┈┈┈┈┈┈┈┈┈┈┈

┈┈┈┈┈┈┈┈┈┈┈┈┈┈┈┈┈┈┈┈┈┈┈┈┈

┈┈┈┈┈┈┈┈┈┈┈┈┈┈┈┈┈┈┈┈┈┈┈┈┈

┈┈┈┈┈┈┈┈┈┈┈┈┈┈┈┈┈┈┈┈┈┈┈┈┈

┈┈┈┈┈┈┈┈┈┈┈┈┈┈┈┈┈┈┈┈┈┈┈┈┈

◎ 節約才能做久做強

眾所週知，微軟公司的董事長比爾‧蓋茨是當今世界首富，他個人淨資產已經超過美國 40%最窮人口的所有房產、退休金及投資的財富總值。有人曾算過賬，有一段時間比爾‧蓋茨資產增加的速度，相當於每秒有 2500 美元進賬。然而，比爾‧蓋茨的節約意識和節約精神比他的財富更令人驚詫。

一次比爾‧蓋茨去演講，他一下飛機就讓自己唯一的隨行人員去一家快捷酒店訂了一個標準間。在很多人看來，像比爾‧蓋茨這樣的大富翁，他們的錢多得一輩子都花不完，理應過得十分奢侈，因此很多人得知此事後，大惑不解。在比爾‧蓋茨的演講會上，有人當面向他提出了一個問題：「您已是世界上最有錢的人了，為什麼只住快捷酒店的標準間呢？我認為遠東國際大飯店的總統套房才符合您的身份。」

比爾‧蓋茨回答說：「雖然我明天才離開台灣，今天還要在賓館裏過夜，但我的約會已經排滿了，真正能在賓館那間房間裏所待的時間可能只有兩個小時，我又何必浪費錢去訂總統套房呢？」

比爾‧蓋茨一年四季都很忙，有時一個星期要到好幾個不同的國家開十幾次大大小小的會議。坐飛機他通常都坐經濟艙，沒有特殊情況，他是絕不會坐頭等艙的。

比爾・蓋茨在生活中始終遵循他的那句名言:「花錢就像炒菜放鹽一樣,要恰到好處。鹽少了,菜就會淡而無味,鹽多了,則苦鹹難咽。」

比爾・蓋茨如此節約,但是,他給自己員工的待遇相當優厚,微軟員工的收入在同行業中幾乎是最高的。而且,他為公益和慈善事業一次次捐出大筆善款,他還把自己死後的遺產徹底捐了出去⋯⋯

如果比爾・蓋茨對待員工像葛朗台似的吝嗇,自己又一擲萬金,過著奢侈腐化的生活,他是絕不可能成就現在這番事業的。也正是這種節約的精神,微軟公司才在激烈的市場競爭中遊刃有餘,脫穎而出。

節約了,原來浪費的就省下來了,長期積累,自然就能省出相當一部份的資源、利潤。這實際上也就是在創造價值、創造財富。節約可以積累更多的利潤,節約才能成為「永久」的贏家。

「不積跬步,無以至千里。不積小流,無以成江海。」秦朝丞相李斯曾言:「泰山不拒細壤,故能成其高;江海不擇細流,故能就其深。」感思是說,高山、大海之所以高、深,是一點點土、一滴滴水積累起來的。

古語有云:「君子以儉德辟難,不可榮以祿。」企業要生存、做久、做強,就必須屬行節約。

◎ 為企業節約也是為自己謀利

沒有企業的贏，就沒有員工自我價值的實現；沒有企業的贏，就沒有員工的成長。當然，如果沒有雙贏，就沒有企業的長盛不衰。員工的成長是企業發展的保證，企業的發展是員工成長的根基，只有共同成長才能夠實現雙贏。

節約不僅對企業有益，對員工也同樣有益。對企業而言，節約能夠有效地減少企業的成本，提高企業的市場競爭力和盈利水準。增強其應對市場變化和抵禦風險的能力。對員工而言，節約的結果是：以更少的投入為企業創造更大的價值和更多的利潤，企業的效益提高了、利潤增多了，就有能力為員工提供更高的回報、更好的環境，員工的利益才能得到持久的保障。

然而，在實際工作中，有的員工為企業節約成本的意識相當淡薄。例如，剛寫了幾個字的紙就被扔進了廢紙簍；在洗手間洗手後不擰緊水龍頭；下班後不關辦公室的燈；室內開著冷氣，門窗卻大敞著；等等。這些行為不僅浪費了企業的資源，而且還使人容易養成懶散、浪費的不良習慣，對個人的發展帶來負面的影響。

「大河有水小河滿，大河無水小河乾。」企業的利益是自己利益的來源。如果我們不注意節約，肆意浪費企業的資源，企業的利益就會減少。而如果企業沒有利益，那就根本談不上員工的利益。

為了企業的利益，每個老闆往往都希望保留那些忠於企業、盡

職盡責、最能替企業著想和為企業節約的員工。反過來，也是為了自己的利益，每個員工都應該意識到自己與企業的利益是一致的，只有全心全意為企業工作，以低成本做好工作，在工作中杜絕浪費，才能獲得老闆的信任。

其實，老闆往往非常看重一個人的人品、態度與習慣，這些有時比能力更重要。一個人一旦選擇了工作，成為企業的一員，就應當真誠、負責地以盡可能節約的方式開展工作。這是你應該做的，也是你必須做的。

很多良好的習慣不是你想養成就能養成的，有時候你必須去行動，重覆你的行為，然後才能形成一種良好的習慣。

當節約成為一種習慣時，我們在為企業減少損失，在為企業積累另一份收入。這是我們為企業創造效益的另一種形式，也是在為自己負責，為自己創造財富和機會。

企業的經營活動是由許多小事情組合而成的，成本也是由許多小事情的成本聚積而來的。員工只有從一件件小事情著手減少成本，才能積少成多，實現企業利潤的健康增長。

◎ 用最省錢的方式來做事

許多企業招聘時要求應聘人員具備成本意識，有的企業還專門招聘成本會計、成本核算員、成本管理員、成本控制部經理等。這說明，現在的企業有很強的成本意識，並且很多企業對成本實施專人專項管理和控制。

其實，越是大的企業內耗也越大。內耗是企業中每個人每天無形中產生的，加在一起往往就是一筆驚人的開支。所以，很多企業希望和要求員工具備成本意識。

一個好員工不僅要有勤儉節約的好習慣，還要有成本意識和成本核算能力。具體在做事情時，應該衡量一下做這件事情能有多少收益、要付出多少成本、是不是合算、有沒有更節省的方法。

小秦和小馬一同被招進一家建築公司，合約上寫明是一個月的試用期。他們的工作再簡單不過了，就是把落在地上的釘子撿起來。就這樣，兩個人撿了五天，撿的釘子足足有幾十斤。小秦暗暗算了一筆賬，發現這樣做很不合算。小秦決定向老闆反映一下這個問題。但小馬卻不主張他這麼做，「你還是別找老闆的好，老闆不讓我們撿釘子了，那我們豈不是沒事做了。」

小秦考慮再三，最後還是決定向老闆說明情況，「恕我直言，我們兩人一天撿的釘子最多也不超過 10 斤，這種釘子的價格是每斤 3.5 元，算下來，我們一天給公司增加了 35 元的收益，

可您卻付給我們一人一天 25 元的工錢。這樣一來，公司一天虧了 15 元。這實際上很不划算。雖然擔心給您反映了情況，我們有可能被辭退，可是人要憑良心做事，我還是要跟您反映這個情況。」

沒想到老闆竟哈哈大笑起來，說：「好樣的，小夥子，你過關了！拾釘子這筆賬，其實我也會算，我一直就等著你們過來告訴我。如果一個月內你們不來找我，那你們將會被辭退。我正在物色一名監理員呢，像你這樣一心為公司謀利益的人才是再合適不過了。」

一個月後，小秦被任命為工地監理員，而小馬只好另尋工作了。

企業是營利性組織，企業設置的每個崗位都是一個利潤點，員工的成本控制直接影響到企業整體利潤的增減。員工不僅要做好工作，還要有成本意識。若欠缺成本意識，就會增加企業的經營成本。

有一家效益很好的金融機構，一天老總讓秘書通知全體員工，所有的紙都要兩面用完才能扔掉。表面上看來，堂堂老總在一張紙上都要做文章，是不是過於吝嗇？其實，這樣做自有他的道理。正如這位老總所說的那樣，「讓員工這樣做可以培養他們的節約精神和成本意識。」

有一家公司的印表機和影印機旁有兩個本子和三個盒子。兩個本子分別記錄列印和複印人員、內容，以及所用紙張數。三個盒子：一個是盛放新紙的，一個是盛放用過一面留待使用背面的紙的，第三個是盛放兩面都用過可以處理掉的紙的。這家公司對紙如此精打

細算，可見成本控制做得很細。

過去公司的大門非常窄小，而且只配備了兩個保安人員。貨車進進出出，經常造成擁堵。於是，行人建議增加兩個保安人員來維持北門的交通。一個保安人員向科長反映不能這麼做，保衛科長聽了他說的之後，向老總提出了一個建議：與其增加兩個員工，還不如對北門進行拓寬改造。保衛科長給老總算了一筆賬，增加兩個員工的成本一個月至少 3000 元，一年就是 4 萬元，而拓寬工程是一次性投入，花費也不過幾萬元。很快，保衛科長的建議被採納。

在日本豐田公司內部，流傳著這樣一個故事：一位設計師在設計汽車門把手的時候發現，原來的汽車門把手零件太多，這樣就會增加採購成本。於是，他對門把手進行了改造，把門把手的零件從 34 個減少到了 5 個。這樣一來，採購成本減少了 2/5，安裝時間節省了 3/4，不但為公司節省了成本，還大大地提高了產品的競爭力。

不要認為自己在企業裏浪費一點點沒什麼關係。小的浪費也許並不會給企業的收益帶來很大的影響，可是累積起來就會是一個驚人的數目，就會給企業帶來巨大的損失。反之，如果所有人都具備成本意識，時時處處節約辦公，精打細算，用最省錢的方式做事，對企業而言，就可以降低生產成本，使其在市場競爭中更具競爭力。

山西平陽重工機械公司 2006 年時從降低成本入手，狠抓目標成本管理，創造效益。

在刀具使用方面，公司液壓器件分廠刀具消耗量過大。針對這一情況，分廠進行了調研，做出科學的決策：每月每名員工實際消耗刀具不能超過 12 把，每超過一把罰 3 元，每節約一

把獎 3 元。在沒有實行獎罰制度的 1 月份和 2 月份，分廠平均每月消耗刀具 580 多把，平均每人消耗 17 把；自 3 月份實行獎罰制度以來，分廠平均每月消耗刀具 300 把左右，平均每人消耗 9 把。

在設備冷卻方面，公司機加五分廠將「油」冷卻改為「水」冷卻，即用多功能水質潤滑冷卻液代替機油或乳化液。4～6 月份，該分廠消耗「水」冷卻液費用計 0.6 萬元，如採用「油」冷卻液則需費用 4 萬餘元，兩者相比節約消耗 3.4 萬餘元。

在產品鑄造方面，其重點設備耗電量非常大。技術人員對主要設備中頻煉爐進行了技術改造。改造後，熔化一爐鋼需要的時間由 2.5 小時減少為 2 小時以內。據統計，僅此一項，每天就可節約用電 2000 餘度，每月至少節約 5 萬度電，經濟效益可見一斑。

心得欄 _____

_____

_____

_____

_____

_____

◎ 鋪張浪費是最該杜絕的工作習慣

一件產品往往是由很多道工序完成的，如果某一道工序出了差錯，或應該自己做的工作沒做，就會影響到下一道工序的進行，給企業造成損失。

在一家物流公司做職員，主要的工作是打單和保管單據。工作失職，他收單子的時候收了一張沒有對方簽字的單子。但其實，他已經是接過單子的第三經手人。第一經手人是送貨司機，他忘將單子給收貨方簽字就返給倉庫了，第二經手人是倉庫管理員，倉庫管理員又交給他保管。現在收貨方由於未簽字不承認已收到該物流公司的貨物，9500 元貨款要不回來了。(這只是給公司造成的直接損失。)

在工作中，做事要負起責任，要做到位，不留任何問題或隱患。不要因為自己的失誤或失職，給企業造成損失，給自己帶來麻煩。

小何是一家工廠焊接部門的生產主管。焊接的前工序是鑄造，由於鑄造部門的員工做事不夠準確、細緻，流到小何這道工序的產品大都是有問題的，直接導致焊接部門工作量大，且不合格率高。意識到這個問題之後，小何找到前一道工序的部門主管，一起探討對策。

兩個主管一起到工廠視察生產，原來是工人工作的時候沒有細化的工作標準，所以工作不夠準確，才導致產品出現問題。

後來工廠出台了《工作細節準則》，工人嚴格按規定完成工作，產品品質提高了，兩個部門的生產效率也都提高了，為公司節約了時間成本和產品原料成本。

像上面這種流水線式的工作，任何人工作上的錯誤，對其他人工作的正常進展都會產生顯而易見的影響。如果因自己的失職沒做好工作，造成了失誤，自己不得不手忙腳亂地糾正不說，還會放大到讓很多人跟著你糾正，這樣就影響了工作進度和效率，會造成巨大的人力和物資損失。

一位旅歐學者講了一件他親身經歷的小事。他到歐洲某國進行學術訪問，下飛機後接待員領他們好幾個人上了一輛小汽車。接待員向他們表示歡迎之後，只見她從車載小冰箱裏拿出一個大瓶的礦泉水，然後給每人發了一個紙杯。

相比國內待客，飲料和瓶裝水往往是喝幾口就丟掉，我們丟掉的是不是還有更有價值的東西——節約呢？

不管是對於個人，還是對於一個企業來說，財富的積累都不是一朝一夕的事情。財富都是靠積累而來的，大手大腳、鋪張浪費既不利於個人的發展，也不利於企業的發展。

企業內部存在著許多浪費，它們耗費了資源但卻沒有產生價值。不消除這些浪費，就談不上節約。

要想減低成本，應該從消除企業內部的浪費入手。在企業內部的任何一個部門、任何一個小組、任何一個環節，都有可能發現浪費的現象。只要不斷地發現浪費，消除浪費，日積月累，就有可能給企業帶來很大的成效。節約是企業實現持續、健康、發展的基本

要求，同時也是企業提升管理水準、實現可持續發展的有效手段。

員工在頭腦中要樹立節約意識和責任感，花企業的錢要像花自己的錢一樣節約，積極地開動大腦，把節約意識滲透至生產、生活中的每一個細節，告別大手大腳，從我做起，從小事做起，做到「點點滴滴降成本，分分角角算效益」。

「滔滔江河匯於細流，巍巍高山起於壘土。」一個人的節約是有限的，但無數個員工長期堅持，持之以恆，便會節省出無窮的財富，就能創造出大效益。

儀山禪師有一天洗澡的時候，因為水太熱，就叫弟子提桶冷水來加。弟子提了桶冷水來幫禪師將水溫兌合適了，順手就把剩下的冷水倒掉了。

看到弟子如此行事，儀山禪師批評道：「你怎麼如此浪費？世上任何事物都有它的用處，只是價值大小不同而已。你怎麼那麼輕易就將剩下的水倒掉！就是一滴水，也要把它澆到花草樹木上，不僅花草樹木喜歡，水本身也不會失去它的價值。為什麼要白白地浪費掉呢？」

小小一滴水，似乎不足掛齒，卻折射出許多深層次的東西來。現在，企業已經進入微利時代，在這關鍵時刻，企業更要時時處處注重節約，杜絕浪費。

節約應該是企業與員工共同的選擇，是一種雙贏行為。每一個員工都應該以勤儉節約為榮，以鋪張浪費為恥，把節約意識轉化為自己的自覺行動，為企業節省一切不必要的花銷。唯其如此，企業與員工才能良性互動，共同發展。

◎ 將節約進行到底

「火車跑得快，全靠車頭帶。」企業要節約經營，需要從「頭」做起。管理層要具有強烈的成本意識，高度重視和關注，對企業的每一道工序、每一個環節、每一度電、每一滴水……都非常「敏感與計較」，並以身作則、身先士卒。管理層只有時時處處注重節約、踐行節約，才能夠帶動整個企業整體行動，企業的節約經營才能蔚然成風、經久不衰，企業降低成本才能夠變成現實，企業才能真正地成為市場的贏家。

老闆首先要高度重視和關注。在這方面，一個很好的榜樣是美孚石油公司創始人洛克菲勒。洛克菲勒高度重視節約經營，使得注意節約的意識深深根植到了每位員工心中。也正是因為有了全體員工的共同節約，才有了財力雄厚的全球石油巨頭。

香港一家公司為了開拓內地市場，公司人員出差非常頻繁，並且經常輾轉於內地各個城市，有時候一週要跑三四個城市。公司總經理非常節約，宣導用辦小企業克勤克儉的理念來辦大企業。以出差為例，他通常只坐二等艙；當天能辦完事時會在辦完事後連夜返回，為的是省下一天的住宿費；不到萬不得已，他是絕對不會住高級賓館的。

看到總經理都這麼做了，員工們特別受鼓舞。負責華東和華南地區的副總經理，每次出差，都是到朋友家湊合一下，把

住宿費給省了。

「上有好者，下必有甚焉者矣。」因此，要想在企業內部形成節約的好風氣，讓員工自覺自願地為企業節約，老闆必須以身作則，時刻節約。

企業是大家的，只有全員參與，落實節約，才能真正形成文化，並產生作用，才能為企業帶來競爭優勢。這離不開管理層的高度重視和關注、以身作則，也需要所有員工的積極參與和實踐。只有這樣，節約帶給企業的效益才會凸現出來。

沃爾瑪公司是微利時代企業生存、發展的一個奇蹟。它既不神秘莫測，也非高不可攀。它的生存、發展，節約功不可沒。沃爾瑪公司創始人山姆·沃爾頓，一直以勤奮、誠實、友善、節儉的原則要求自己。正是由於沃爾頓節約的好習慣，他才能在經營百貨店時千方百計節省開支，降低成本，最終建立起了一個龐大的「沃爾瑪帝國」。

山姆·沃爾頓小時候家境貧寒，生活非常困苦。從上小學起，沃爾頓就開始半工半讀。他每天早上上學前挨家挨戶地送報紙和雜誌，每送一份報紙能賺 5～10 美分。沃爾頓送報十多年，他用自己賺的錢交讀中學、大學的費用。也因為有這樣的經歷，他深刻地明白每一美分都來之不易，所以他珍惜自己所賺的每一美分，從不大手大腳。

山姆·沃爾頓的弟弟巴德·沃爾頓和哥哥共同經歷了艱苦的童年時光和艱辛的創業歷程。巴德·沃爾頓曾經說過：「當馬路上有一枚一美分的硬幣時，誰會把它拾起來？我敢打賭我

會，我知道山姆也會。」

　　沃爾瑪的員工就曾在山姆·沃爾頓即將經過的路上放了一枚硬幣，想看看他是不是會撿起來。結果，億萬富翁山姆·沃爾頓果然屈尊彎腰把它撿了起來。山姆·沃爾頓並不缺一枚硬幣，但珍惜每一美分的習慣讓他不猶豫、很自然地那麼做了。

　　山姆·沃爾頓意識到：沃爾瑪要想獲得成功，除了為顧客提供低價位的商品之外，還必須超越顧客對優質服務的期望。山姆·沃爾頓傾其畢生精力為此理念而不懈努力。他激勵員工，並身體力行地實踐他所宣導的理念。

　　這一理念中，為顧客提供低價位的商品，就要求公司降低成本。為了降低成本，山姆·沃爾頓和公司同事出差時住雙人間。就算後來成了億萬富翁，山姆·沃爾頓仍然出差時只乘坐經濟艙、住中檔飯店。他還經常充當司機，開著貨車把商品送到連鎖店。

　　正是因為山姆·沃爾頓以身作則，帶頭節約，把節約轉化成組織的一種行為，並形成一種企業文化，使員工自覺節約成本，蔚然成風，沃爾瑪才能一步步成長為世界最大的私人僱主和連鎖零售商。

◎ 從「小」做起，勿以善小而不為

有句古話：「勿以惡小而為之，勿以善小而不為。」魔鬼往往存在於細節中，細節往往決定成敗。就節約來說，道理也一樣。厲行節約要從細節著手。一些行為，例如及時關燈、關水龍頭，看似微不足道，但天長日久地積累下來，就是一大筆錢。如果每個員工都在工作的時候節省一點點原料，累積起來，就會為企業節約很多成本。細微之處見利潤。節約其實沒有大小之分，做好了小事，在小處注意節約，一樣能為企業爭取到利潤。

有的員工認為企業這麼大，自己也為企業創造了不少價值，小的地方浪費點沒啥。「小」其實不小，「大」都是由「小」堆積而來的。俗話說：「小洞不補，大洞吃苦。」「千里之堤，潰於蟻穴。」任何事物都有一個由量變到質變的演變過程，在小事上不注意，小節上不檢點，久而久之就會出現大問題。

一家加工童鞋的工廠，刷膠的部門總是超出預算，沒有人去特意浪費，也沒有人偷走原材料，廠裏領導一直都找不到原因。後來換了個新廠長，他仔細地觀察了刷膠部門員工的工作情況。原來問題在於：刷膠水的刷子太寬了。他們做的是童鞋，而用的刷子卻是市面上統一規格的。這樣，刷子上總會殘留很多膠水。刷一雙兩雙鞋確實不會浪費多少，但是一天天累積下來，浪費的量就很大了。後來新廠長跟相關人員商量，從市面

上買回刷子後改好寬度再用於生產，這樣浪費的量就少了。

一個刷子的寬窄是一個很不起眼的問題，但就是這個小問題帶來了很大的浪費。人們常說「聚沙成塔，集腋成裘」，如果每一個員工都能在工作中從關注這樣的小事做起，天長日久地堅持下來，就會對一個企業的成敗產生很大的影響。

也有的員工認為自己在一個大的企業裏，企業那麼大，一個人在降低成本方面是起不了多大作用的。這種看法是錯誤的。如果所有人都能夠重視細節，杜絕浪費，成千上萬的日常微不足道的小節省，彙集起來就是一大筆財富。

實際工作中並不缺少各類關於節約的管理制度和方法，缺少的是堅定的執行者。如果我們都能注意細節問題，持之以恆地堅持，就能收到巨大的成效。這是實施節約的有效方法。

企業的錢一半是賺的，一半是省下來的。企業這麼大，開銷那麼多，員工要從大處著眼，小處著手，堅持從我做起，從節約一滴水、一度電、一張紙、一升油……做起，從雙面列印、人走燈滅、廢物利用……做起，為企業精打細算，把節約落實到自己工作的每一個細節中。這些雖然看似微不足道，但是如果能夠長期堅持，必能極大地降低企業的成本。

節約精神是眾多成功企業抵抗市場風險的護身符，也是它們生財獲利的催化劑、持續健康發展的加速器。

◎ 節約的員工，老闆最喜歡

沒有一個企業的老闆不節約的，也沒有一個老闆不重視節約的，每一個老闆都把「節約」作為一種工作要求，都喜歡為企業省錢的人。

每一個老闆都非常明白，在創造財富和積累財富的過程中，節約是非常重要的。現在競爭如此激烈，市場越來越難做，企業內部節約顯得尤為重要。老闆把節約作為員工的一種重要素質來要求，老闆總是欣賞並信賴那些時時處處為企業著想、千方百計節約成本的員工。

為企業著想的員工才會為企業節約，為企業節約的員工一定也會在其他方面為企業著想。這樣具有成本意識、能夠事事維護企業利益的員工，才是老闆最願意接納的好員工。

美孚石油公司創始人洛克菲勒的第一份工作，是檢查石油罐蓋有沒有自動焊接好。這個工作是整個公司所有工作中最簡單、最枯燥的。

每天，洛克菲勒看著焊接劑自動滴下，沿著罐蓋轉一圈，再看著焊接好的罐蓋被傳送帶移走。洛克菲勒很想調換個工種，但主管不同意。既然換不到更好的工種，洛克菲勒只好回到焊接機旁，但他下決心要把這個不好的工作做好再說。

於是，洛克菲勒開始學習與工作相關的知識，認真觀察、

研究罐蓋的焊接品質、焊接劑的滴速與滴量。他發現:每焊接好一個罐蓋,焊接劑要滴落 39 滴。而經過科學、週密的計算,他得出結論:其實只需要 38 滴焊接劑,就可以將罐蓋完全焊接好。經過反覆測試,最後,洛克菲勒研製出了「38 滴型」焊接機。也就是說,用這種焊接機,焊接每個罐蓋比原先節約了一滴焊接劑。雖然就一滴焊接劑,但一年下來卻可為公司節約 5 億美元的開支。

年輕的洛克菲勒自此受到老闆的賞識,開始步步高升,為日後走向成功邁出了最為堅實的一步,直到創建美孚石油公司、成為享譽全球的石油大亨。

能視節約為己任的員工,是有責任心的員工。若你是這樣的員工,企業也一定會有回報給你,因為你的努力早已被老闆看在眼裏,他會給你提供更好的發展機會。

在市場競爭日益激烈的今天,一個沒有勤儉節約的精神和文化的企業是很難長期發展的。沒有一個企業的老闆不節約的,也沒有一個老闆不重視節約的,每一個老闆都把「節約」作為一種工作要求,都喜歡為企業省錢的人。

作為一個員工,必須踏實、認真地工作,處處為企業著想,事事為企業省錢。老闆看重的不僅僅是你節約下來的那一支筆、一張紙,他更看重你的節約精神、責任心、認真態度、專注程度。無數事實表明,有節約態度和精神的人,會在工作中迅速成長,會有很好的職業前景。

節約是很重要的一種職業素質,是責任心的體現,是一種認真

的工作態度，是一種專注的工作精神，是一種傑出的能力。每一個員工都應該在工作和生活中養成這樣的品質，並形成習慣，這不僅僅對企業有益，對自己也有大益。

◎ 不節約的員工會被淘汰

　　一個大型跨國集團的總裁想重用一個從名校畢業不久的青年，打算讓他先去歐洲接受為期兩年的培訓，回來之後再重用。因為這個青年對有關業務方面的知識掌握得非常好，工作很是努力，在待人接物方面很有禮貌，總裁覺得他非常有前途，是一個可塑之才。不過，就在這個青年去歐洲接受培訓的前幾天，總裁無意中看見他故意將掉於地上的垃圾踢向了一邊，而沒有順手撿起來丟入垃圾桶中。這不過是舉手之勞啊！此後接連幾天，總裁刻意觀察這個青年的行為，他發現：吃過午飯之後，該員工並未把餐具放到指定的位置；公司的財物，他一點都不知道愛護……因此，總裁做出決定，取消對這個青年的培訓計劃。

　　總裁認為：這樣一個不能自覺遵守最基本的日常行為規範甚至可以說毫無公德心的員工，怎麼可能會對一家公司高度負責呢？一個不把公司財物當回事的人，誰又敢把公司放心地交給他管理呢？

企業與員工是利益上的共同體，節約使企業和員工雙贏。有的員工缺乏責任感，沒有真正地理解節約的重要意義，認為浪費的是企業的資源，和自己沒有多大的關係，隨意地浪費原料、辦公用品等，損害了企業的利益。

對企業來說，無論規模是大是小，效益是好是不好，都要求員工有成本意識，養成為企業節約的習慣。要求員工節約，不僅可以節省成本，還可以把工作中的每個細節做好，確保產品成本低廉、品質優異，從而在競爭中獲得勝利。

對老闆來說，老闆總是欣賞並信賴那些時時處處為企業著想、千方百計節約成本的員工。沒有那一個有著長遠目標的老闆，可以容忍一個視企業的資產如無物，隨意揮霍的員工存在。

對員工來說，在為企業創造效益的同時還要節約，養成精打細算的習慣。如果大肆浪費企業的資源，損害企業的利益，這樣的員工只能被淘汰。

員工一旦養成了克勤克儉的工作品性，會盡最大努力做好自己的每一項工作，並把浪費降低到最低限度，這有助於企業在激烈的競爭中站穩腳跟。

既然成為企業的一員，就要時時處處注意維護企業的利益。這是最基本的職業素養，也是我們體現自身價值的基本途徑。

吉米畢業後，幸運地成為著名的福特公司的一名職員。這裏工作環境好，報酬豐厚，升遷機會頗多。吉米工作十分努力，也做出了一些成績。年終他被上司召見，心中不免升起希望。於是，他正襟危坐，靜候佳音。

「吉米，你這一年工作做得很好。不過，公司為控制成本，要緊縮人事。這是件不得已的事情，想必你能諒解。按照規定，你可以領取三個月的失業金，相信你很快就能找到更好的工作。」

他被這突如其來的決定驚呆了，有些不知所措，甚至懷疑自己是不是聽錯了。於是，他壯著膽子問：「您的意思是說我被炒魷魚了？我到底犯了什麼錯？難道因為我工作不努力或者能力不夠嗎？」

「請不要激動。公司能從幾百個應聘者中選中你，完全可以看出，你個人的能力是沒有問題的。你工作確實非常努力。但遺憾的是，你並沒有把自己當作是公司的一員。」說著，上司拿出一份資料，「據我的觀察和記錄，你在一年中出差成本比同類員工出差的成本高出 30%。從你報銷的單據可以看出，你從來沒有乘坐過比計程車更為方便和快捷的地鐵，也從來沒有吃過酒店為每位住宿的客人提供的免費早餐。」

上司繼續說：「另外，你在辦公用品方面的領用率幾乎是別人的兩倍，你拿給我的工作報告都是打在嶄新的打印紙上的……」

吉米有能力，又工作努力，福特公司家大業大，浪費點又有什麼關係呢？

但從福特公司來看，員工浪費就會提高成本，而成本最終是會轉移到消費者身上的，這樣公司就難以提供「價廉」的產品了。更為重要的是，員工浪費是一種不認真、不負責的工作

態度。這種態度遲早會引發這樣那樣的問題。這麼多員工，如果都如此不負責地給公司製造問題，公司就不可能提供「質優」的產品了。公司若不能向消費者提供「價廉質優」的產品，那麼公司再大再強也不可能長久。

因此，福特公司豈能容忍一個浪費金錢的員工存在？

對員工來說，如果你想不失業，想成為優秀的員工，想成為優秀企業裏的一員，就要設法為企業節約。節約是你工作的一部份，即以盡可能少的成本為企業創造盡可能多的價值。這證明了你的能力，體現了你的競爭力。如果你能做到，並能做到最好，你就成為了一個老闆喜歡的人，一個同事尊重的人，一個不斷進取、正在走向成功的人。

心得欄 ------------------------------

◎ 微利時代，拼的就是節約

微利，顧名思義就是企業在賣出商品之後只能獲得極低的利潤。這意味著企業要想生存，只能不斷降低成本和價格，才有可能在競爭中保持優勢，牢牢佔有市場。這是大家都明白的一個道理。

在這個充滿競爭的時代，幾乎所有的行業，所有的企業都將面臨或已經面臨微利的挑戰，企業面臨的生存形勢也越來越嚴峻。因此，節約成了絕大多數企業和員工共同突破微利時代的撒手鐧。換句話說，微利時代，拼的就是節約。

可以說，沃爾瑪公司是微利時代企業生存的一個奇蹟，它既不神秘莫測，也非高不可攀，它的生存發展說穿了只有兩個字：微利。沃爾瑪的生存和發展，不但沒有受到微利時代的影響，而且還得益於微利時代。

「沃爾瑪式生存法」的道理很簡單：價格降低了，就要設法縮減成本，增加銷量。

沃爾瑪亞洲區總裁鍾浩威先生，每次出差都購買打折的機票，並且只乘坐二等艙。他有個習慣，每次在乘機時喜歡問鄰座乘客的機票價格，倘若發現比他購買的機票便宜，那麼企業的相關人員肯定會因此受到質問。

沃爾瑪的採購員們和供應商討價還價，會被認為是最精明能幹，同時也是最難纏的傢伙，但是他們出差時卻只能住便宜

的招待所。沃爾瑪企業的一位經理去美國總部開會,曾被安排住在一所因為暑期而空置起來的大學宿舍裏。這就是沃爾瑪「小氣」的一面,它絕對不會因為你的辦公桌缺損了一角而為你換張新的,反正湊合也能用。

除了辦公設施簡陋外,沃爾瑪還有一項很重要的措施,就是一旦商場到了節假日或銷售旺期,包括經理在內,所有的管理人員都要投入到繁忙的一線去,他們擔當起司機、搬運工、導購或收銀員等角色,這樣就可以節省下一筆不小的人力資本費。這種情形通常只會出現在一些小型企業裏,並且這種行為往往被看作是「不正規管理模式」,但是在沃爾瑪這樣的大集團裏,這種現象早已見慣不怪了。

沃爾瑪的這種節約精神來自其創始人山姆·沃爾頓先生。沃爾頓小時候家境貧寒,生活非常困苦。正因為沃爾頓從小就養成了良好的節儉習慣,所以,他才會在經營百貨店時殫精竭慮地節省一切支出儘量縮減成本,用接二連三的價格戰打敗了競爭對手,建立了一個龐大的連鎖銷售帝國。

山姆·沃爾頓為了降低成本,他和公司同事在出差時,不惜幾個人同睡在一個房間。就算後來成了全美首富,沃爾頓仍然開著一輛破舊的小汽車,出差時只乘坐經濟艙,只在最便宜的家庭飯館吃飯,他還經常充當司機,開著貨車把商品送到連鎖店。

與其他富翁不同的是,沃爾頓從沒買過一艘私人遊艇,更沒為自己買過一座休閒度假的小島。相反,每當他看到其他

公司的高層人員出入豪華酒店，無所忌憚地揮霍企業的錢財時，他總會感到不安。他認為，浪費只會使企業走向衰敗，所以即便是在他去世十年後的今天，勤儉節約的理念依然紮根在沃爾瑪公司中，並永久地以企業文化的形式傳承下去。

沃爾瑪的市值如今已經達到了 2520 億美元，公司的許多高級管理人員早已成為千萬富翁，可是在簡樸的沃爾瑪總部一點都看不出任何富得流油或趾高氣昂的現象。

管理沃爾瑪公司龐大資產的總裁李·斯科特，直到今天仍舊身體力行著這一節儉傳統，他的座車只不過是普通的商務車。所有高層管理人員的辦公室不見絲毫浪費的痕跡，全都克儉克勤，甚至自己打掃衛生，自己倒垃圾，自己付咖啡錢，就連開會時用不完的鉛筆也都帶回辦公室繼續使用。

在沃爾瑪，節儉已上行下效，蔚然成風。儘管山姆·沃爾頓早已去世，但從沃爾頓發起的這種節約精神，已經越來越深地植根於沃爾瑪獨特的企業文化中。的確，一個企業在創業階段屬行節儉很容易，但是已經取得巨大成功的沃爾瑪仍然這樣節約，確實令人敬佩不已。

節儉精神讓沃爾瑪在短短幾十年時間內迅速擴張。現在，沃爾瑪在美國擁有連鎖店 1702 家、超市 952 家、「山姆俱樂部」倉儲超市 479 家；另外，它在海外還有 1088 家連鎖店。2001年，在全球權威財經雜誌《財富》評選的「全球 500 強」企業排名中，沃爾瑪公司榮居榜首。

對於這些世界 500 強的企業來說，幾度電、幾張頭等艙機票不

過是九牛一毛，但是公司發展到如此大的規模，勤儉節約的精神依然被他們的管理層奉為天條，這個現象無疑值得所有中國的企業家深思。

在市場競爭以及職業競爭日益激烈的今天，節約已經不僅僅是一種美德，更是一種成功的資本，一種企業的競爭力。節約的企業，會在市場競爭中遊刃有餘、脫穎而出。節約是利潤的發動機。只有節約，企業才能生存。在微利時代，企業只有一種必然的選擇：節約！

心得欄 ---------------------------------

◎ 減少浪費就意味著增加利潤

無論是傳統產業，還是高科技產業，生意都越來越難做，這是絕大多數企業的共同感受。身處微利時代，除了賺錢的思路和觀念需要及時進行調整、轉變和更新外，更重要的是用節約的方法來降低成本，增加利潤。節約本身就是一宗財產，對於企業來說，降低成本就意味著增加利潤。

對一個企業來講，如果每人每天節約一毛錢，一年下來，節約的數目也會相當可觀。

節約下來的每一分錢是一個什麼樣的概念呢？根據「利潤等於收入減去成本」的等式，那就是公司的利潤。由此可知，企業想增加贏利，成功發展，除了爭取更高的產品銷售額之外，對行銷、研發、管理等各項費用開支的控制和節約也是關鍵。平時我們每節約一分錢，我們的利潤就會增加一分。「聚沙成塔，集腋成裘」，如果每個人每天都能做到節約不必要的費用支出，長期下來，就會有相當大的利潤收益。相反，對各種資源不必要的浪費，對一個正處在良性發展態勢的公司來說，是極為不利的。試想，十分的毛利，就有六分的費用支出，實在讓人可惜和不安。

有了摳門精神，才會有高額利潤；摳門過日子，雖然說起來不好聽，但對於創造利潤和保障企業生存與發展來說，是很有用的。

在行業日益細分的今天，企業大多數時候可走的只有第三條：

低成本。事實上，無論什麼時候，企業都需要在上至老闆下至基層員工的身上培養起一種「摳門精神」，讓節約成為一種習慣，讓節約成為創造利潤的一大源泉。

培養「摳門精神」，利潤可以一點一滴地節約出來。在培養「摳門精神」，提倡和實踐節約方面，日本的鈴木公司是典範。

2008 年有一段時間，為了籌措更多的資金，度過經濟困境，美國通用汽車公司宣佈轉讓其手中持有的鈴木公司 17.4%的股份。隨即，鈴木公司宣佈，全力購入通用拋售的公司股份，以增強其對品牌的業務掌控。據悉，鈴木公司動用了約 2300 億日元去收購通用公司轉讓的幾乎全部股份。在汽車行業遭遇經濟寒冬時，鈴木公司的資金實力讓業界刮目相看。

「鈴木公司是一個專注於小車生產的企業。眾所週知，小車的利潤比較薄，也意味著鈴木公司的利潤應該不會太大。因此，我們很難想像公司怎麼會有那麼多現金來完成這次收購行為，而且還沒有向銀行貸款。」鈴木汽車公司怎麼會有這麼強大的資金實力呢？2008 年 8 月末在應邀參觀了日本鈴木總部及其部份工廠、試驗場後，似乎找到了答案：鈴木公司非常善於成本控制，在其他企業可能不會在意的運營細節上，鈴木都在儘量地降低成本。可以這樣說，利潤在鈴木公司是一點一滴地節約出來的。

兩年前，日本政府對汽車製造安全法規作了一些修改，增加了微型車外形尺寸和安全性能的要求。根據要求，車身必須進行改進，這使車輛的燃油經濟性受到影響。那麼鈴木公司如

何將影響燃油經濟性的因素降到最低，並使得燃油經濟性在同類車中處於領先地位？顯然，可以透過減少整車自重來達到這個目的(當然這也可以降低車輛的成本)。但是，自重減少到一定程度就會遇到瓶頸，影響到汽車性能。

流傳在鈴木公司的一個故事，不但解答了人們的疑惑，也讓我們對鈴木公司在減少車輛自重方面的巧妙表示佩服。據介紹，有一次，鈴木公司的會長鈴木修先生要求技術人員將車輛的自重減少 20 千克，技術人員表示很難完成，但鈴木修卻不這麼認為。鈴木修分析道，既然一輛汽車由 2 萬個零件構成，那麼每個零件重量減輕 1 克，整車的自重就可以減少 20 千克。

這個簡單而又巧妙的方法，反映了鈴木公司的造車理念：在保證車輛安全的前提下，儘量使車輛更「輕」。

日本湖西工廠是鈴木公司的主力工廠之一，主要生產乘用車產品。中國消費者比較熟悉的奧拓、雨燕都在這個工廠生產。

在車輛的組裝生產線上，只要留心觀察，你就會發現光線與平常的螢光燈光線有些不同，非常柔和。抬頭往上看人們會發現，屋頂上部有非常大的窗戶。據瞭解，這是為了儘量利用太陽光，而不使用電力所想出來的辦法。生產線旁邊的零件台，在數年前還是電動輸送零件的裝置，現在已經停用了。為了傳送零件，零件架採用傾斜式支撐面，零件受重力作用會自然滑動。「『重力和光都是免費的，要用免費的東西。』自鈴木修擔任會長以來，這就是他的口頭禪。」

一次，記者去鈴木公司參訪，看到外觀略舊的三層樓房，

一問才知道，原來這是鈴木公司的總部樓。記者不由感慨道：鈴木公司真懂得節省啊！與許多看起來規模並不大的企業卻擁有豪華總部大樓相比，實力雄厚的鈴木公司所擁有的辦公樓與其身份顯得有些「不符」。

　　進入會客室，記者又一次見識了鈴木公司的節約。為了表示對鈴木修先生的尊重，記者都是穿襯衫，戴著領帶，也備好了西服。但在會客室內，記者發現，即使不穿西服只繫領帶都感覺有點熱。

　　更有意思的是，除了鈴木公司兩位掌舵人會長鈴木修和社長津田絃外，與記者見面的公司管理人員都沒有戴領帶，而這好像與日本公司的風格有些不符。經過瞭解，記者才知道，為了節約能源，從 2008 年夏天開始，日本所有辦公地點的冷氣溫度都要求限定在 28° 以上。與此相應，從日本首相開始，都提倡夏天不戴領帶。

　　鈴木修風趣地解釋說：「政府已經落後了。我早在五六年前就呼籲辦公地點夏天的冷氣溫度限定在 28° 以上，夏天辦公不用戴領帶，而我們也一直在這麼做。這樣不但對節能、降低成本有好處，而且對環保也非常有好處。」

　　正是靠這種「摳門」的精神，鈴木公司不但實現了較高的利潤，而且在汽車行業遭受金融危機衝擊的時候能從容應對，進而抓緊了快速發展的良機。

◎ 節約能夠實現企業和員工的雙贏

企業與員工本身就是一個共生體，企業的成長必須依靠員工的成長來實現；員工的成長，又要靠企業這個平台；企業興員工興，企業衰員工衰。兩者相輔相成，不可分割。的確，企業與員工本身就是利益上的共同體，只有企業獲利，員工才會最終獲利。作為一名員工，如果一面在為企業工作，一面在打著個人的小算盤，是無法讓公司贏利的，而員工個人的利益更無從談起。

華人首富李嘉誠有一句至理名言：「企業的首要問題是贏利，贏利的關鍵是節儉，節儉是企業和員工的雙贏選擇。」

在 2005 年度《財富》全球 500 強中，英國石油公司一舉躍居第二位。數據顯示，2004 年英國石油公司的收入猛增 23%，大大高於沃爾瑪的 9.5%，2851 億美元的銷售額也讓英國石油公司與沃爾瑪之間的差距僅為 29 億美元，什麼原因讓英國石油公司有如此高的利潤呢？

英國石油公司總裁約翰這樣總結道：「英國石油的利潤，很大一部份是由公司員工自覺節省下來的。」

英國石油員工的厲行節約是全球有名的。在英國石油公司，有這樣一個故事：一名工程師在設計一個新型的鑽井器械時，發現原來的該鑽井器械零件過多，這樣就會增加該器械的成本，而且也增加了安裝的難度，降低了員工的安裝效率。於

是他利用業餘時間對該鑽井器械進行了重新設計，結果把該鑽井器械的零件從 18 個減少到 8 個，這樣一來，成本節約了 40%，安裝時間也節約了 75%。這位工程師為公司節省了一大筆開支，當然他也因此獲得了一筆不菲的獎金。

　　英國石油公司因為員工的節約獲得巨大利潤，員工的利益也因為英國石油公司利潤的增長不斷增加，這兩者之間是成正比的。節約給英國石油公司的員工帶來了切實的好處，英國石油公司的員工也就會自覺自願地為公司省錢，最後二者實現雙贏。

　　樹立節儉意識，對企業而言是一種良好的風氣，對企業和員工都有好處。如果你想成為一名卓越員工，那麼就一定要以勤儉節約為榮，杜絕一切浪費行為，全力為企業降本增效出謀劃策。這些看似微小的事，其實都能體現出你對企業、對自己的一種負責的態度。優秀的員工都會加強自己的節儉意識，並將其轉化成自己的自覺行動，把節儉精神當成是企業文化的一部份大力弘揚。

　　企業是員工展現才能的平台，失去了這個舞台，員工就會像是脫離了水的魚兒一樣，最終不得不乾涸而死；而員工就像是一個企業的靈魂一樣，一流的人才造就一流的企業，節儉的員工造就節儉的企業。因此有人說：「只要給我人才，即使是把我放在沙漠裏面，我照樣能夠做出一番事業。」

　　齊勃瓦在卡內基鋼鐵公司任職時，就是以「公司先贏，個人後贏」來嚴格要求自己的。一次，當時控制著美國鐵路命脈的大財閥摩根提出了與卡內基聯合經營鋼鐵的要求。

開始的時候，卡內基沒有理會，於是摩根很惱怒，就放出風聲說，他要找貝斯列赫姆合作。貝斯列赫姆鋼鐵公司是當時美國第二大鋼鐵公司，如果與摩根財團聯合起來，卡內基公司肯定會處於競爭的劣勢地位。

卡內基有些著慌了，他急忙找來齊勃瓦，遞給他一份清單，說：「按這上面的條件，你儘快去跟摩根談聯合的事宜。」

本來作為一名員工，老闆這樣說了，你只要按照命令去執行就可以了，公司雖然損失了，但是他個人卻不會有任何的損失，但是齊勃瓦並沒有那樣做，他接過清單仔細地看了一遍，然後對卡內基說：「根據我所掌握的情況，摩根沒有你想像的那麼厲害，貝斯列赫姆與摩根的聯合也不會一蹴而就。如果按這些條件去談，摩根肯定樂於接受，不過我們公司將損失一大筆。」

當齊勃瓦將自己掌握的情況向卡內基彙報以後，經過認真分析，卡內基也承認自己過高估計了對手。卡內基全權委託齊勃瓦同摩根談判，最後取得了對卡內基有絕對優勢的聯合條件。摩根感到自己吃了虧，就對齊勃瓦說：「既然這樣，那就請卡內基明天到我的辦公室來簽字吧。」

第二天一早，齊勃瓦來到了摩根的辦公室，向他轉達了卡內基的話：「從第 51 號街到華爾街的距離，與從華爾街到第 51 號街的距離是一樣的。」

摩根沉吟了半晌最後說：「那我過去好了！」老摩根從未屈就到過別人的辦公室，這次他遇到了全身心維護公司利益的齊勃瓦，所以只好俯身屈就了。卡內基非常感激他的這次救主行

為，不久齊勃瓦就升任為公司的董事。

當然，這樣做就為公司取得了巨大的優勢，就會為企業節約很多不必要的聯合成本。而利用聯合過程中節儉下來的資本就會讓企業在其他的商業競爭中取得額外的競爭優勢，這樣就為企業節約了資本，也無疑為企業帶來了更大的利潤空間。

對於齊勃瓦來說，他就是深刻認識到「大河無水，小河乾」，把為企業節省每一分錢當成了自己的事情，所以他才會提出有建設性的意見，以至使企業在聯合中取得優勢。如果每一個人都像齊勃瓦那樣把節儉當成是自己的事，共同努力把企業這塊蛋糕做大，我們才會在分配的時候得到各自更大的一塊，企業和員工就能夠實現巨大的雙贏。

心得欄 _____

_____

_____

_____

_____

_____

◎ 企業發展需開源與節流雙管齊下

　　老馬是一家工廠的老業務員，這幾年工廠的效益不好，老馬作為工廠的一員，感同身受。老馬感覺到了前所未有的壓力，他工作更努力了，他給工廠拿下了好幾個大單，公司的業務量上去了，資金週轉就不成問題了，公司也從困境中走了出來。

　　老馬正是發揮了自己的力量，努力為公司開源，透過開源為公司創造了財富。

　　開源與節流，支撐著企業向前發展。每一名員工都應該把為企業開源與節流當成自己的本職工作，自覺落實到手頭的工作中來。

　　高偉也是一名普通的工人，他在一家工廠兢兢業業地工作了四年。始終工作在生產第一線的他，總是默默無聞、任勞任怨地在自己的崗位上奮鬥著。高偉做的是調漆的工作。機器都是用手工來清洗的。他每天都熟練地用稀釋劑來清洗生產線上的機器，對他來說這是得心應手的工作。在做完自己的本職工作後，他還會主動去幫助其他員工，協助他們更好地完成工作。

　　清洗工作做久了，高偉發現稀釋劑其實還可以再利用。他和工廠另一名調漆工把每條生產線洗機後的廢稀釋劑集中收集在容器內，讓其自然沉澱。透過一段時間的沉澱，再過濾清除裏面的雜質，把這些廢稀釋劑用來再次洗機，可以達到「廢物利用、節約成本、降低消耗」的效果。這樣下來，一年可以回

收利用的廢稀釋劑有兩噸左右，為公司節約了可觀的資金。

　　高偉這種不為名、不為利，自覺節約每一滴稀釋劑，勤儉辦企業的精神得到了公司領導的一致好評。高偉作為一名最普通的員工，卻擁有強烈的節流意識，他透過節流為公司創造了財富。

　　面對越來越激烈的市場競爭，「開源」變得越來越困難。於是，「節流」成為構築節約型企業的有效途徑，是實現企業利潤增長決不可忽視的一面。此外，有效的「節流」又為「開源」提供了強有力的保證。它們對企業持續、良性發展缺一不可。

　　依靠精細化管理，提升員工在這兩方面的開拓進取能力、成本控制水準，無疑是增強企業贏利能力的法寶。

　　節流可以改善現在，開源可以改變未來，兩者都十分重要。開源節流還是節流開源，孰先孰後？開源當然是很重要的，沒有「源」，那來「水」？但是，如果有了「水」，而不節流，那麼有多少「水」都是不夠用的。

◎ 既要為公司賺錢，更要為公司省錢

　　為公司賺錢是每個員工義不容辭的責任，一個優秀員工，只懂得為公司賺錢是遠遠不夠的，還要更懂得為公司省錢，因為為公司省錢實際上也是為公司賺錢。

　　既要懂得為公司賺錢，又要懂得為公司省錢，杜絕一切不必要的浪費，想盡一切辦法，能省則省，這才是優秀員工要做的。

　　許多員工都有這樣的觀點，「節約」是對小公司，或者效益不好的企業來說的，規模較大、效益較好的企業，用不著斤斤計較。還有些員工認為自己為企業賺了不少錢，自己大手大腳點、浪費點沒什麼關係。於是，我們看到，一些經營紅火的公司掩蓋了鋪張浪費的現實，繁華的背後隱藏著衰敗的危機。

　　陳先生在一家連鎖超市擔任店長。剛到公司時，老總非常器重他，不久就委以重任，派他負責一個店面的管理工作。陳先生不負眾望，經過一年多的努力，就把手中的連鎖超市分店經營得有聲有色。為了推廣陳先生的管理經驗，老闆親自帶其他店長前來「取經」。

　　開始，老闆聽著陳先生的介紹，不住地點頭，然而很快就收斂了笑容，因為一些細節引起了他的不滿：

　　一個店員記錄東西時，隨手從抽屜中取出一張 A4 打印紙，只寫了幾個字，就把這張紙扔進了垃圾桶，而桌子的旁邊，就

是便簽紙。在一間辦公室，光線非常充足，根本不用開燈，但是所有的燈都亮著；而且，打開一半的窗子旁邊，是一直運行著的冷氣機⋯⋯

看到這些，老闆很生氣，當面責怪陳先生不懂得節約，太浪費了。突如其來的批評，讓陳先生心裏很不舒服。他認為，自己管理的超市效益良好，為公司創造了最大的利潤，老總因為這些雞毛蒜皮的小事責難自己，太不應該了。

事後，老闆再次找到陳先生，曉之以理，動之以情：「我知道你是一個出色的人，這些年也為超市賺了不少錢，但是我們還是有必要做好節約。作為管理者應該自我約束，養成節儉的習慣，並管理好下屬。」最後，陳先生終於信服了。

作為員工，老闆花錢僱用了我們，一方面我們要為公司賺錢，不讓老闆的銀子白花；另一方面，我們時時刻刻、隨時隨地都要為企業為老闆精打細算，使老闆花最少的錢辦最多的事。如果你每天都在為老闆多掙錢、少花錢，老闆會虧待你嗎？

如果你想在競爭激烈的職場中有所發展，成為老闆器重的優秀員工，就必須牢記：在為公司賺錢的同時，還要懂得為公司省錢。

◎ 認真的態度，就能節約

對企業來說，造成生產成本膨脹和生產價格過高的一個主要因素就是浪費，往往是 10%的浪費能夠引起 100%的利潤損失。因為杜絕浪費可以有效地提升產品品質，而產品品質的杠杆效應無疑會讓企業的利潤空間大大提升。

要杜絕企業的浪費，首先要做的就是讓企業形成一種節約精神，讓每一個人都有一種認真杜絕浪費的態度，只有這樣才能夠讓企業有效降低資源浪費，增加企業競爭力，為企業創造出更廣闊的利潤空間。

2001 年，克裏斯納的洗衣機廠已經成為阿珀爾多倫市最大的洗衣機廠，他只不過是一個 22 歲的年輕人，卻已經成為當地的名人之一，多次在各種大型公眾場所發表演講，讓年輕人分享自己的創業經驗。

有一年耶誕節，克裏斯納應邀前往當地的一所大學進行一場主題為「創業智慧」的演講。

當他講到，自己的洗衣機製造廠連續幾年獲得的高額利潤在同行業內已經處於一流水準，而且會在此後的十年內迅速讓他的企業成為像日本的松下、德國的西門子那樣的企業時。台下的一位女聽眾站起來打斷了他的話：「我的哥哥就在你的企業工作，他告訴我你的洗衣機廠的浪費現象很嚴重，廢品率一直

高達 10%左右，那麼，我想問一下，一個廢品率高達 10%的中型企業如何才能夠在十年內成為日本的松下和德國的西門子這樣的大型跨國集團公司呢？」

帶著疑問，2002 年 1 月，克裏斯納到日本參觀學習，他發現日本企業的廢品率只有 2%，主要是因為日本人認真節約的態度，那怕是一顆小螺絲釘日本人都不會隨便丟棄掉。同時，克裏斯納的腦海裏也出現了這樣兩個疑問：「日本企業為何不把這 2%的廢品率消除呢？為什麼企業的產品合格率不能夠達到 100%呢？」於是在臨走前一天，克裏斯納將他這兩個疑問說了出來，日本企業負責接待他的經理聽了之後，用非常禮貌的口吻反問道：「克裏斯納先生，您覺得這樣可能嗎？100%的合格率？這完全不符合事物發生的規律嘛。」

克裏斯納帶著疑問回國了，他先讓自己的洗衣機製造廠按照日本企業的管理模式去發展。經過一段時間的思考之後，克裏斯納決定開始一個實驗——實驗目的是讓產品的合格率達到 100%。首先，克裏斯納從原材料篩選上下工夫，購進了更優質的原材料。其次，克裏斯納重新制定了薪酬制度，對於能夠提升產品合格率的員工都給予獎勵，對在提升產品合格率方面具有創新性貢獻的員工都給予重獎。最後，他還聘請了好幾位技術專家來提升企業科研能力，從技術的層面上做出改進。克裏斯納這一系列措施非常有效，因為他的洗衣機製造廠的廢品率從原來的 100 降到了 0.80 左右，效果非常顯著。更為重要的是，銷售量也大幅度攀升，企業利潤整整提升了一倍——杜絕 10%

的浪費，增加了 100％的利潤，因為克裏斯納的洗衣機廠製造出來的洗衣機品質有了非常大的提升。

從案例中可以看出，認真的態度能夠讓企業資源得到更好的利用，而且能夠使企業執行力得到大幅度的提升，是企業減少浪費的「靈丹妙藥」。因此，培養員工認真杜絕浪費的態度尤為重要，不僅要培養員工正確的價值觀，更要讓員工增強產品品質意識，良好的職業精神是杜絕浪費屬行節約的關鍵。

心得欄 _____

_____

_____

_____

_____

_____

◎ 節約需要抓住細節

精打細算、節儉辦公，是許多知名企業經營管理所提倡的原則。公司經營活動是由許多小事組合而成的，成本也是由很多小事情聚積而來的。公司只有從小事著手減少成本，才能積少成多，實現企業利潤的健康增長。

事情不分大小，每位員工都要履行節約，從細節著手，從點滴做起，因為細微之處見利潤。員工在為公司創造大的利潤的同時，千萬別忽略工作中的細枝末節。

所有企業都想透過壓低成本來增加效益，但我們應該如何控制和減少成本？從什麼地方入手？這些問題是所有企業老闆和管理人員都必須認真思考和探索的。很多世界著名的大公司，例如沃爾瑪、思科等公司的事例，就說明了節省成本最重要和最根本的一點，就是從細節和小事做起，把利潤一點一滴地積累起來。

從生產和製造方面來看，公司的成本主要包括人工費、材料費和其他經費這三大部份。人工費是指產品製造過程中用在相關人員身上的費用；材料費是指組成產品的所有材料和零件的採購費用；而其他經費則是指水電、燃氣、煤、油等能源費，以及外協委託加工費、租賃費、保險費、折舊費等。由此可見，成本的內容可以說是種類繁多，若想真正地節省成本、提高利潤，就必須從每一項內容開始，從身邊的一點一滴做起。

　　總之，節約精神是眾多成功企業抵抗市場風險的護身符，還是他們生財獲利的催化劑，更是企業持續健康發展的加速器。

　　「小」其實不小，可怕的是我們常常對它視而不見，忽略它的存在，對它採取一種無所謂的態度。對於很多員工來說，小事情往往很容易被忽略。事實上，「大」都是由小堆積而來的。一個人如果意識不到這一點，那麼他也很難有大的成就。

　　俗話說：小洞不補，大洞吃苦。「千里之堤，潰於蟻穴。」任何事物都有一個由量變到質變的演變過程，在小事上不注意，小節上不檢點，久而久之就會出現大問題。

　　要做好小事，就必須要有不忽略小事情的意識。把從小處節約的觀念根植在腦海裏。從小事開始節約，不論是對企業還是對國家都具有非常重要的意義。

　　愛爾蘭其實不存在電力短缺問題，但是節約用電的觀念已經深入了每個居民的心中。如果留心觀察，節約用電的事例在愛爾蘭人們的日常生活中隨處可見。

　　在愛爾蘭的大街上有一種為公共汽車站提供電子信息的顯示牌，這種顯示牌用來告知乘客公共汽車抵達本站的時間，這個牌子用的是太陽能。在愛爾蘭的大街小巷設有許多自動工作的停車收費器，每個停車收費器上面都有一個四方閃亮的小斜板，這也是太陽能裝置，為停車收費器的工作提供動力。

　　在愛爾蘭的首都──都柏林，許多公寓樓和辦公樓的樓道內都安裝了自動節電開關。這種自動控制的開關，可以隨手開燈；離開幾分鐘後，電燈就會自動關閉，省電又省事。

　　在愛爾蘭的普通居民家庭裏，人們也很注意節省。人離開家的時候，不僅關燈，還關暖氣，為的是省錢節電。

　　日常生活中的這些措施可以節約多少電呢？似乎沒有人能回答清楚。但是這種處處從小事節約的作風，並不是只掛在嘴邊，而是落實到了生活中的每一個角落。這種精神值得每一個員工效仿。如果在一個企業裏每個員工都這樣做，能省下的錢那肯定是相當可觀的。

心得欄 _____

_____

_____

_____

_____

_____

◎ 時間也是企業重要的財富

時間就是金錢，這是經營企業最大的成本。對於搶佔市場的企業來說，時間就是生命；對於精明能幹的商人來說，時間就是金錢；對於辛勤勞作的員工來說，時間就是財富；對於運籌帷幄的老闆來說，時間就是勝利。

隨著科學技術的不斷提高，時間的價值也越來越凸顯。時間的增值效應在經濟領域的體現最為明顯，在那裏，賺錢以一分一秒來計算。人們分秒必爭地捕捉瞬息萬變的商業信息。分秒必爭地創造財富。

山姆・沃爾頓自建立起沃爾瑪零售連鎖商店以後，就採用先進的信息技術為其高效的分銷系統提供保證。公司總部有一台高度電腦，同 20 個發貨中心及上千家商店鏈結，透過商店付款櫃台掃描器售出的每一件商品，都會自動計入電腦。當某一商品數量降低到一定程度時，電腦在一秒鐘內就會發出信號，向總部要求進貨。總部電腦接到信號，在幾秒鐘內調出貨源檔案提示員工，讓他們將貨物送往距離商店最近的分銷中心，再由分銷中心的電腦安排發送時間和路線。這一高效的自動化控制使公司在第一時間內能夠全面掌握銷售情況，合理安排進貨結構，及時補充庫存的不足，降低貨存成本，大大減少了資本成本和庫存費用。

　　山姆・沃爾頓還建立了一套衛星互動式通信系統。憑藉這套系統，沃爾頓能與所有商店的分銷系統進行通信。如果有什麼重要或緊急的事情需要與商店和分銷系統交流，沃爾頓就會走進他的演播室並打開衛星傳輸設備，在最短的時間內把消息送到那裏。這一系統花掉了沃爾頓 7 億元，是世界上最大的民用數據庫。沃爾頓認為衛星系統的建立是完全值得的，他說：「它節約了時間，成為我們的另一項重要競爭力。」

　　如果說，以分來計算時間的人比用時計算時間的人，時間多 59 倍的話，那麼以秒來計算時間的人則比用分來計算時間的人又多 59 倍。沃爾頓建立的高科技通信系統，可謂每秒鐘都是錢。

　　浪費時間就是浪費生命，降低企業的效益。不珍惜時間的員工很難成為企業需要的員工，也難以成就事業。

　　在美國近代企業界裏，與人接洽生意能以最少時間產生最大效率的人，非金融大王摩根莫屬。為了珍惜時間他招致了許多怨恨，摩根每天上午 9 點 30 分準時進入辦公室，下午 5 點回家。有人對摩根的資本進行了計算後說，他每分鐘的收入是 20 美元，但摩根說好像不止這些。所以，除了與生意上有特別關係的人商談外，他與人談話絕不超過 5 分鐘。

　　通常，摩根總是在一間很大的辦公室裏，與許多員工一起工作，他不是一個人待在房間裏工作。摩根會隨時指揮他的員工，讓大家按照他的計劃去行事。

　　摩根能夠輕易地判斷出一個人來接洽的到底是什麼事。與他談話時，一切轉彎抹角的方法都會失去效力，他能夠立刻判

斷出來人的真實意圖。這種卓越的判斷力使摩根節省了許多寶貴的時間。有些人本來沒有什麼重要事情需要接洽,只想找個人來聊天,而耗費了工作繁忙的人許多重要的時間,摩根對這種人簡直是恨之入骨。

從摩根的事例中,我們可以悟出一個道理:節約時間實際上就是在為自己賺錢。

一名員工要高效率地完成工作,就必須善於利用自己的時間。能否對時間進行有效的管理,直接關係到員工工作效率的高低。時間是有限的,不合理地使用時間,計劃再好、目標再高、能力再強,也不會產生好的效果。浪費時間就等於浪費企業的金錢。

沒有什麼比時間更重要,一位研究管理效率的專家指出:「浪費時間是生命中最大的錯誤,也是最具毀滅性的力量。大量的機遇就蘊涵在點點滴滴的時間中。浪費時間能毀滅一個人的希望和雄心!年輕生命最偉大的發現就在於時間的價值……明天的財富就寄寓在今天的時間之中。」

◎ 要將節約理念融入企業文化

　　企業管理的最高境界是用企業文化去管人，僱員一旦認同了該企業文化，即使降薪他都不會離開，因為優秀的企業文化是可以和人性相融合的。我們可以看到，企業研發一個新產品可以領先 6 個月，創新一個作業流程可以領先 18 個月，而只有打造一流品牌和文化的企業，才可能長久地保持領先。

　　而企業文化與企業的核心競爭力可謂是相輔相成的，靜以修身，儉以養德。目前，在這個微利時代，眾多的企業正在努力打造自己獨特的節儉文化，以此來構築自己的企業核心文化。作為一名優秀的員工，你不僅應該主動地融入企業優秀的文化當中屬行節約，而且要主動地創造與改進企業的文化，讓企業文化更具影響力與競爭力。

　　好的企業文化規範了企業行為，使之產生於社會之中，企業服務社會、回報社會，按著可持續發展的目標發展；對社會負責任，就有好的社會聲譽。

　　好的企業文化還可以規範領導和員工的行為，使其能夠為企業發展著想，強化員工的主人翁意識，可以提高工作效率和產品品質。企業文化多種功能結合在一起產生了巨大的社會力量。

　　好的企業文化在發揮以上功能的基礎上，實際上已經提高了企業的整體力量，使企業在生產、銷售、研究開發等許多方面提高了

水準，降低了企業運行的社會成本。

所以，以節儉為核心的企業文化不僅可以為公司節省一大筆有形的維修、公關等費用，而且還能為企業帶來巨額的無形的精神財富。

節儉之中蘊藏著一切美德。儉能持家，也能養德。「儉以養德」是為人處世之「心機」。任何成功的事業都在於點滴的積累，沒有真正理解「節儉」含義的人，不會真正節儉的人，不知道成功的秘訣，也永遠不會擁有成功的事業。節儉不只是個人美德，也是企業獲利率得以確保的關鍵因素。

被倫敦金融時報評選為全球最受推崇的企業領袖第 24 名的彼德曼，從不因自己節儉的行為引以為恥，反而以身作則，在企業推而廣之，希望員工能上行下效。彼德曼不坐豪華車上班，也不自己開車，而是搭火車上班，而且搭的還是普通車。出差之時，他也不住五星級的飯店，寧願屈就便宜的小旅館。可以說，正是這種領導具有的節儉精神使勞埃德成為全球最有成本競爭力的銀行。

要讓節儉成為一種企業文化，讓節儉成為企業員工的必備素質。無論一個家庭還是一個企業，尤其在那些大而分散的企業中，節儉尤為重要，應把節儉提到日常生活和工作當中，從節約一張紙、一滴水、一度電、一顆螺絲釘等等做起。

如果我們每個人都能從各個層面、各個角度去節儉（例如，一些不必要招待；在列印之前多核對兩遍，就可減少紙張浪費；合理安排行政用車，等等），在工作中組織安排更週全、更合理化，就

能大大地減少材料的浪費。現在的大型企業,有這麼多職工,一人一年為單位節約 2000 元,一年就是 600 多萬元,一天一個勞務工平均節約 1 度電,那麼一個企業光是節約就能實現上千萬元的利潤……

「節儉」是使人成功、鍛鍊自我品格的一種美德。而浪費就是沒有責任心,一個沒有把節儉成功塑造成自己企業文化的企業註定不能完全俘獲員工的責任心,那麼也就不能奢望企業能有所發展。相反,一個具有節儉文化的企業,也必將能夠塑造企業每個員工的良好品格,培養高度的責任心與對企業的忠誠。

透過節約來降低成本實現成本領先優勢,最終贏得競爭是企業管理的永恆主題。降低成本的計劃在多大程度上取得成功,應取決於每個人把降低成本作為自己分內職責的程度,鼓勵職工介入和參加降低成本工作,並鼓勵相互交流,如果企業內每個員工都對降低成本負責,那麼節流才能真正落到實處。

在工作實踐中,為了塑造和落實企業文化,每一名員工都應該積極思考,為公司的節儉提出自己的建議與意見。員工的建議中總有許多出乎意料的好點子,並且往往只有行家裏手才能想得出來。這些點子單個看上去微不足道,積少成多就能節省大筆開支。讓員工參與提出節流的合理化建議,不僅是企業提高經濟效益的「金礦」,還能凝聚人心,最大限度地激發員工的積極性和創造性。

所以說,節儉不僅僅是一種口號,更是一種精神、一種行動,只有融入了企業文化,融進了每個員工的心中,才是真正意義上的節儉,才能塑造真正意義上的企業核心競爭力!

◎ 從自身做起，杜絕一切浪費

打造節約型企業，把節約落到實處，需要員工從自身做起，杜絕一切浪費就是最好的節約。

一家造紙公司的老總在公司廢料場，指著地上被丟棄的不銹鋼角鐵、螺絲等材料，痛心疾首地說：「各部門一方面在拼命申報領用材料，一方面卻如此浪費。一個不銹鋼螺絲 2 元錢，22 個螺絲 44 元錢。這些原本有用的材料被隨意處理，日積月累，將會給公司造成多麼巨大的損失啊！」

在生產工廠我們還看到，有些員工拿成品紙當抹布、當手紙使用。看著凝聚著無數工人師傅血汗的紙張就這樣被隨意糟蹋，怎能不讓人傷心呢。古人云：一簞食，一瓢飲，當思來之不易。如同農民收糧食要顆粒歸倉，不讓自己的心血白白被糟蹋一樣，我們紙的製造也同樣凝聚了工人師傅的無數心血，當他們看到那被隨意扔掉的紙張，怎會不痛心疾首啊。細節不注意，鋪張浪費的大漏洞就堵不住。

杜絕浪費要從自身做起，從身邊的小事做起。忽視看似小的浪費，就會造成更大的浪費，最終悔之晚矣。

有形物質的節約已經被大部份員工所認識，並能夠自覺從節約一張紙、一滴水、一度電做起，樹立起勤儉節約的作風。可在工作中，還有一種類型的「節約」需要引起我們的重視，那就是時間、

資源、職責、效率等非有形物質的節約。

時間就是金錢，浪費時間就是浪費金錢。舉個開會的例子，有時召開一個會議就因為個別員工遲到而使大家被迫等待會議的召開。如果有 10 個人等待開會，每個人等待 5 分鐘，那麼浪費的時間就是 50 分鐘。在這方面，日本豐田公司對召開會議就有十分嚴格的規定，不僅要事前限定開會和閉會時間，而且每個人開會所佔用的每一分鐘都要計算到產品成本中去。

有的員工缺乏工作責任心、主動性，上級不安排任務就坐等，上級不指示就不執行，上級不詢問就不彙報，上級不檢查就拖著辦；在與其他部門或外部聯繫工作時只等回覆不懂主動詢問，結果造成工作進度延遲、時間的浪費，等等，這都將給企業造成無法估量的損失。

從事相同崗位，有的員工花 2 分鐘就可以完成某一項工作，而有的員工要花 4 分鐘甚至更多的時間，這與每個員工獲得的技術、信息等資源很有關係。如果員工之間、部門之間能夠多加強必要的溝通與交流，使資源得以共用，工作有效協調，這樣不僅節約了企業的資源，還可能提高資源的利用率。而一旦資源在相關部門、相關人員手中停滯，就會使應該得到資源的部門掌握不到，工作難以正常開展。

在具體業務操作中，如果經辦人員責任心不強、素質低下、工作品質差或者做事沒有計劃、敷衍了事都可能導致工作任務執行失敗。特別是涉及整體性工作時，某些環節出現差錯，將對後續工作產生較大的影響，例如交貨期確認不準確、不及時，就會導致生產

製造系統出現多種浪費。工作的失職不僅浪費了企業為此投入的人力、物力、財力，也會使企業失去寶貴的信譽和發展機會。

　　無形之中的浪費還有很多，如工作效率低下造成的浪費，等等，這些浪費都將給企業的健康發展帶來許多不利因素。

　　「節約」並不是一個人、兩個人的事情，「節約」需要我們從自身做起。當我們杜絕了一切有形物質浪費的同時，不妨再問問自己，還有一種「節約」我做到了嗎？

心得欄 _____

_____

_____

_____

_____

_____

◎ 勤儉節約，從自身的崗位做起

　　勤儉節約，從我做起，確切地說是從自身的崗位做起。俗話說，成由儉敗由奢。對一個家庭來說如此，對一個單位來說也是如此，對一家企業來說更是如此。一家好的企業家大業大，如何在節儉上做文章，怎樣才能讓員工樹立「大家」意識，防止不必要的生產浪費？往往是一個棘手的問題。重要的就是員工要把節約落實到實處，也就是要落實到自身的崗位上。

　　不管在什麼崗位，只要用心，就能找到節約點，就能享受到節約帶來的好處。身為企業的員工就應該意識到，為企業節約是每個員工應盡的責任，關注企業的發展是每個員工的義務。企業的管理階層和工人都自覺地節省起來，才能營造出精打細算的企業氣氛。無論是在辦公室，還是在工廠，每個員工都要記住節約是隨手可做的一件事情。

　　對於企業是否能節約成本，以及能將成本節到那種程度，員工擁有很大的決定權。

　　許多企業雖然制定了很好的成本管理制度，但由於並沒有得到員工的支持，最後還是沒能取得應有的成效。因此，企業要想節約成本，關鍵是要培養員工具有勤儉節約的良好品質。所有的員工都應該在自己的腦海裏樹立這樣的意識，把企業當作自己的家，像愛護自己的家一樣愛企業。

　　但是，在很多企業裏仍然有一些員工認為自己做成一筆業務可以為企業帶來上百萬的收益，因此，自己在企業裏浪費一點點是沒有關係的。假如企業的所有員工都抱著這樣的想法，即使每位員工都只是浪費了微不足道的一點點，那麼最終積累起來的數字也將會是非常驚人的。

　　不管是企業的管理層還是一名普通職員，都應馬上培養自己勤儉節約的意識，並時刻提醒自己，把企業當成自己的家一樣。當你具備這樣的意識後，你將會慢慢從中獲得回報，相信你的領導對你也會像對待自己的家人一樣，信任你並且重用你；反之，假如你缺乏這種意識，那麼你就不會得到領導的信任。

　　企業的興衰存亡很大程度上取決於員工的節儉意識，倘若員工缺乏這種意識，那麼整個企業的命運就會變得撲朔迷離。

　　企業要想在激烈的市場競爭中永遠立於不敗之地，並永遠領先於同行，就必須要求所有員工都樹立節儉意識，讓他們把企業的事當成是自己的事，處處為公司節儉，不浪費一分一文。只要企業的每一位員工都能夠做到自覺節約，不浪費公司的每一分錢，那麼企業就能夠把成本降到最低，企業的市場競爭力也會因而得到提高，從而決勝商海，所向披靡。

◎ 最會搶回利潤的老闆
才是最厲害的老闆

當今世界上最大的連鎖企業就是沃爾瑪，而沃爾瑪之所以能夠成為這個時代最賺錢的企業，一個主要原因就是——節約精神是沃爾瑪的企業核心發展理念之一。

提起沃爾瑪的創始人山姆・沃爾頓，幾乎全球一大半人都能說出關於他的趣聞軼事來。

1918 年，一個叫做山姆的孩子在美國阿肯色州的頓維爾鎮誕生了。山姆出生在一個貧窮的家庭，幼年時光在拮据的生活中度過，但正是這段拮据的幼年生活培養了他的節約精神和不浪費的習慣，在他的一生中都以節約為榮，過著儉樸的生活。幼年時的貧窮生活也刺激了他的物質慾，山姆從小就樹立了「成為一個超級大富翁」的理想。

1945 年，第二次世界大戰結束。這一年山姆已經 27 歲，剛剛經歷過這場人類歷史上最大的浩劫的山姆被調到了美國陸軍情報部門工作。1950 年，在情報部門工作了五年之久的山姆退役了。退役之後，山姆迎來了人生中最空虛的一段時光，因為不願意離開軍營的他在退役之後覺得非常的迷茫，山姆不知道自己能夠做什麼。

　　而就在這個時候，山姆的妻子海倫告訴他，人生其實有很多的事情可以做，你可以做一名軍人，但你也可以做一個像你小時候就希望成為的超級大富翁。妻子的話就像一盞在黑暗中突然亮起的明燈，讓倍感空虛的山姆看到了新的希望。在妻子的幫助下，山姆去岳父家裏借來了 2 萬美元，在頓維爾鎮上開了一家便利店。但在便利店開業之後不久，由於生意比較冷淡，山姆剛剛鼓起的積極性又被消磨一空，雖然沒有回到過去那種非常空虛的狀態，但是也看不到一點的積極性——他整天在一種既不消極也不積極的狀態中「混」日子。妻子海倫整日看著丈夫在這樣的一種渾渾噩噩的狀態中消磨著人生，心裏非常著急，但是開導了很多次依然沒有任何效果。

　　就在妻子海倫都不對山姆抱有希望的時候，他又非常幸運地遇到一個改變他人生軌跡的「貴人」——紐約的服裝廠經銷商亨利·維尼爾。亨利是紐約一家著名服裝廠的經銷商，他的銷售業績非常不錯，被稱之為「紐約最會賣衣服的人」。山姆和亨利的交往是透過妻子海倫認識的，因為海倫總是從亨利的手中進貨。在和亨利成為朋友之後，山姆就發現一個很奇怪的現象：亨利的價格總是比市場上的價格要低。例如，當時紐約服裝市場上同一檔次的一件襯衫，市場價格為 3 美元的時候，亨利的銷售價格只賣 2 美元，而這正是亨利賣出大量衣服的秘訣。

　　但是，在山姆看來，亨利這種賣衣服的手段一點都不高明，只不過抓住了購買者貪圖便宜的心理罷了。但是，當山姆和亨利交往時間長了之後，山姆才開始認識到亨利手段的高明之

處——亨利在替別人節省了購衣成本的時候，也為自己贏得了大量的訂單。當時，紐約一般的經銷商一年的純利潤不到 10 萬美元，而亨利一年的利潤卻高達 70 多萬美元，是其他經銷商的 7 倍，這深深震撼了山姆。

從亨利的銷售手段中，山姆更是深刻地意識到：在自己賺錢的時候能夠幫助消費者減少花費，任何一個商人都能夠獲得超額的利潤。於是，山姆立刻將自己從亨利身上悟出來的經銷理念運用到了自己的實際經營中去。很快，山姆的便利店就以「天天特價」而聞名，吸引了大批的消費者。可以說，「天天特價」的銷售理念立刻成為了山姆的主要經營理念之一，而這一經銷理念也幫助山姆打造出了龐大的沃爾瑪商業帝國。

在將沃爾瑪超市開遍全球的過程中，山姆在以「天天特價」的方式替消費者節約的時候，也將節約精神灌注到了自己的企業之中。在建造沃爾瑪本部的大樓之時，山姆要求建築師在保證大樓品質的前提下節省建築成本，結果是製造出了現在被譽為「凝聚著殘缺美」的沃爾瑪總部大樓。山姆利用建造沃爾瑪總部省下來的錢又開了好幾家大型分店，而這幾家大型分店現在每年創造的利潤均超過 1 億美元。

山姆在公司上班的時候，一旦看到各個部門的經理、主管們中有人讓下屬去倒垃圾，就會嚴厲批評那些讓下屬去倒垃圾的人，有時候甚至還會罰款。因為山姆認為，每一個員工都有自己的工作，如果上司隨意打斷正在工作的員工去讓他們倒垃圾，勢必會影響員工的工作狀態，這會浪費時間並影響公司的

工作效率。在沃爾瑪公司中，咖啡從來都不是免費的，因為山姆覺得有償供應咖啡能夠有效減少浪費，他情願把咖啡上的錢轉移到員工的福利中，也不願意被白白地浪費。可以說，山姆是一個將節約精神發揮到極致的企業家，很多的員工都稱他為「最會搶利潤的老闆」。所以，很多人都笑稱：「山姆『搶』出了一個沃爾瑪商業帝國。」

在 20 世紀 80 年代的時候，山姆為了搶出更多的利潤空間，決定將「寄生」在製造商和經銷商之間的代理商給排除掉——即，沃爾瑪公司直接派出人員和製造商談判，並從製造商手中直接提貨，這樣做的好處是不僅免除了代理商對銷售商的盤剝，而且銷售商的進貨價格也可以降低 2%～6%，最為重要的是可免除代理商經常以次充好所帶來的損失——過期積壓的商品換一個包裝重新提供給沃爾瑪，導致沃爾瑪多次因為商品品質問題而遭受到消費者的投訴，大大影響了沃爾瑪公司的形象和信譽度。結果是，山姆的這一次改進，立刻為沃爾瑪公司每年節省出了近 20 多億美元的利潤空間——商品的儲備資源和人力資源的利用更加高效，這使得沃爾瑪公司的利潤空間增大，競爭力也大大增加。

雖然現在山姆已經去世了，但是他的繼承人依然奉行他的節約發展策略，「天天特價」依然是沃爾瑪公司的主要發展動力之一，也正因為如此，才讓沃爾瑪公司連續多年穩坐世界第一大企業的寶座不動搖。

從山姆·沃爾頓「搶」出一座沃爾瑪商業帝國的過程中可以看

出，堅持節約的精神對於一個企業來說有著多麼重要的意義——能夠省錢的企業管理者就是最會搶利潤的企業管理者。那麼企業管理者在以節約的方式「搶奪」企業利潤的時候，有那些方面是需要注意的呢？這個問題的答案有三個：

第一個方面：節約不是摳門，該節約的錢一分一厘都不能浪費，不該節約的錢一分一厘都不能「摳」。

對於當前的任何一個企業管理者而言，企業利潤的最大化是他們一直孜孜不倦去追求的目標，他們從一開始就認識到了節約的重要性，因此，他們從踏上企業管理者崗位的第一天起，就開始有意識地杜絕浪費。但是，有一些企業管理者就是因為過度要求自己和企業都能夠堅定地貫徹節約精神以杜絕企業浪費，結果卻因為過度的要求使得自己的某一些決策出現了失誤，從而引發了新的浪費——當過度節約變成「摳門」的時候，新的浪費自然不可避免地出現。

例如，有一些企業管理者，由於自己的精力充沛、工作積極性高，因而總是主動加班，但是他在自己主動加班的時候也要求員工們「主動」加班，結果就是員工們被他的「主動」加班搞得情緒不穩，很多人都開始抱怨，那麼必然會激發員工的逆反心理——你要求我在休息時候加班，那麼我就在上班時候休息。所以，很多的企業管理者都是因為過度地要求而引發了新的浪費，因此他們必須懂得：節約不是摳門，該節約的錢一分一厘都不能浪費，不該節約錢一分一厘都不能「摳」。

企業管理者在以節約的方式「搶奪」企業利潤的時候需要注意

的第二個方面：增強企業的成本控制意識，讓每一個員工都懂得利潤是以節約的方式「搶」出來的。

著名管理學大師韋爾奇曾經說過：「企業的任何一個環節都是由人去完成的，只有每一個人做自己的工作，企業才能夠獲得很好的發展。」經營企業就像居家過日子，只有企業中的每一個人懂得控制企業的經營成本，企業才能夠有效地杜絕浪費，增加企業利潤。倘若企業中的大多數員工都不懂得「精打細算」，量入為出，那麼，這樣的企業必然無法有效地解決企業浪費問題，使得企業無法杜絕浪費，從而讓企業過著「拮据的日子」。

在現代企業中，衡量一個員工是否優秀的標準，除是否擁有過人的專業技能之外，是否擁有成本控制意識也是一個重要的衡量標準。因此，企業管理者在貫徹節約精神的時候，一定要讓員工增強企業成本控制意識，讓他們懂得「節約光榮、浪費可恥」，從而讓每一個員工在日常工作中注意節約，有效地控制生產成本，從而使得企業獲得不錯的利潤空間。

企業管理者在以節約的方式「搶奪」企業利潤的時候需要注意的第三個方面：控制系統成本的降低，能夠有效降低企業成本，大大增加企業利潤空間。

企業的運轉中樞就是企業的控制系統。現在的很多企業生產經營成本往往佔據了企業利潤的一大部份，這就是企業的控制系統不夠完整合理所造成的：在現代企業管理理論中，讓一個企業擁有良好的企業控制系統，最好的方法就是實行「全面統籌管理」。

所謂的「全面統籌管理」就是指在企業的生產經營中，企業必

須以經營成本控制的方式來增強企業全面運轉能力，從而使得企業
獲得良好的利潤空間。在企業實施「全面統籌管理」的過程中，要
求企業以提高產品品質為主進行安排，從原材料購進、員工素質和
技能培訓，到產品銷售等都以提升產品和服務的品質為第一要務。
因為產品的品質是企業品質的一個重要組成部份，也是最核心的部
份，只有企業在控制好品質的時候，企業的控制系統才能夠有效地
降低企業成本，從而增加企業利潤空間。

心得欄 --------------------------------

◎ 從每一個環節中杜絕浪費

浪費就像幽靈一樣無孔不入，企業的任何一個環節上都有浪費的影子。

因此，企業要做好杜絕浪費工作，就必須從嚴抓每一個環節開始——只有從每一個環節上開始減少浪費，企業才能有更多的利潤，才能讓利潤不被浪費所吞噬。

2010年初，世界最大的汽車生產商日本豐田汽車工業株式會社陷入了發展的困境之中，「召回門」讓豐田汽車險些滑進萬劫不復的破產深淵。其實，豐田深陷「召回門」事件而難以自拔，一個最為主要的原因就是豐田汽車放棄了一直以來最為重要的成功經營手段——豐田的「精細化」生產模式。因為企業的快速擴張，很多的不合格產品被投放到了市場上，因此，一直很少困擾豐田公司的浪費現象開始成為困擾豐田的主要難題，準確地說，是品質浪費。

就拿歐洲市場來說，2009年7月26日，日本豐田汽車公司為了進一步開拓歐洲市場，派公司副總經理野崎松壽前往倫敦，兼任日本豐田汽車公司駐歐洲行銷部總經理。野崎松壽到達倫敦後，立即投入了緊張的工作之中，很快就制定出了《2008年-2009年日本豐田汽車公司歐洲市場行銷報告》。野崎松壽在行銷報告中詳細闡述了本年度的銷售目標與銷售策略，並宣佈

新一輪的銷售優惠計劃開啟。野崎松壽在新的歐洲戰略目標中一再強調豐田公司要以最快地鋪貨速度進攻歐洲汽車市場，可就是忽視了強調要像以前一樣提供「精細化」的產品和服務，而這也是當時豐田公司的一個縮影——強調速度而忽視了品質，最終由品質引發的嚴重浪費問題差點使得豐田汽車「猝死」。眾所週知，豐田公司要招回一台汽車的代價非常的昂貴，不但浪費利潤還使得企業的形象嚴重受損。

就在野崎松壽的銷售優惠計劃剛開始實施不久，他就接到了一個電話——沃爾瑪英國分公司總經理安東莞要訂購一批豐田商務車。接到安東莞的電話後，野崎松壽非常高興，立刻邀請安東莞到倫敦希爾頓大酒店面談。野崎松壽為了表示對安東莞的尊重與歡迎，將希爾頓酒店的三個貴賓餐廳全部包下來，用來接待安東莞。雙方會面後，安東莞對野崎松壽佈置的場面非常滿意。雙方在一種歡快而又熱烈的氣氛中開始了會談，而且，就在這次會談中，安東莞為野崎松壽帶來了一個重要的商業合作夥伴斯派克。斯派克是歐洲市場上最著名的經銷商之一，以前主要負責克萊斯勒汽車在歐洲的經銷，但是金融危機爆發之後，克萊斯勒的市場開始快速萎縮，斯派克不得已只好決定經銷另一個品牌，而斯派克和安東莞是非常要好的朋友，安東莞便將斯派克帶來參加這次商談。

野崎松壽對於能夠得到斯派克的青睞感到非常的高興，決定發展斯派克成為豐田在歐洲的經銷商之一。宴會上，野崎松壽將豐田公司最新款的「豐田普瑞維亞」商務車的總體情況詳

細地介紹給安東莞。同時野崎松壽也將豐田汽車的具體情況介紹給斯派克。這次商談舉行得非常成功，他們彼此之間基本上達成了合作意向。

　　然而，就在野崎松壽等著安東莞來提貨，並準備和斯派克進行下一步深入的合作談判之際，卻被告知他們都取消了和他的商談。安東莞在電話裏告訴野崎松壽，他很滿意的「豐田普瑞維亞」商務車，但是他認為野崎松壽所代表的日本豐田汽車公司整體形象太過奢華，僅僅在商談這一個環節，竟然就包下了昂貴的希爾頓酒店的三個貴賓餐廳，在這樣一個金融風浪跌宕起伏的時刻，一個企業竟然不懂得節約過冬，還這麼奢侈浪費，這與日本企業留給他的「精細化」發展的形象完全不同，所以他們對這樣的企業生產出來的產品很不放心，所以決定取消這次採購計劃。同時，安東莞還在電話裏告訴野崎松壽，斯派克也決定暫時不與豐田公司進行合作，理由同樣是對於一家奢侈浪費的企業生產出來的產品不是很放心。雖然野崎松壽一再解釋，但是安東莞卻明確表示，該公司不再考慮購買豐田公司的產品……一個環節上的奢侈浪費使得野崎松壽失去了一筆大單和一個重要的潛在合作夥伴。

◎ 向企業看齊，消滅一切浪費

　　日本有世界上效率最高的企業，這與日本的特定經濟環境有著密切的關係。日本國土狹小，資源匱乏，支撐工業發展的大部份資源都要從國外進口，這使日本企業非常珍惜來之不易的資源。此外，日本企業的資源成本較高，企業的原料需要透過海運千里迢迢運往日本，這使得日本企業的原料價格裏面有不菲的運費。在這種情形下，為保證本國產品的價格競爭力和利潤空間，他們竭力提高企業的資源利用率，杜絕一切浪費。

　　以日本著名的汽車生產企業豐田公司為例。豐田公司首創聞名世界的精益生產模式，這一模式的創造者大野耐一曾說：「豐田生產方式的目標杜絕企業內部的各種浪費，提高生產效率。」正是日本資源匱乏的大環境催生了豐田的精益生產模式，而豐田的精益生產模式也是日本企業竭力消滅浪費、提高資源利用率的一個典型代表。

　　在資源成本高昂、國際競爭激烈的大背景下，日本所有優秀的企業都視浪費為最大的毒瘤和企業日常經營管理中最大的敵人，他們的目標就是將杜絕資源浪費和提高資源利用率、提高生產效率結合起來，要盡一切可能減少資源的浪費現象，只要某種方法可以起到節約資源、提高效率的作用，日本企業就會積極進行嘗試。在豐田公司，一張 A4 紙正面用完後，將其

裁成 4 片，裝訂在一起當作便條紙用；一隻手套破了，只能將破的那隻換掉，而不會換一雙新手套。豐田汽車公司雖然取得了驕人的業績並成長為國際一流的跨國公司，但公司並沒有在日本的經濟中心東京設立總公司，因為東京的地價昂貴，而且在那兒設立總公司勢必增加公司的應酬費用，這些都是公司不值得為之付出的。

為了杜絕一切浪費，豐田公司對浪費現象進行了仔細分類——加工時間的浪費，等待的浪費，製造不良的浪費，動作的浪費，搬運的浪費，在庫的浪費，然後針對不同的資源浪費情況採取針對性的措施。

正是在這種與各種形式的浪費進行不懈鬥爭的背景下，豐田公司創造了獨樹一幟的精益生產模式。豐田公司 2002 年度中期結算報告顯示，在增長的 2243 億日元收入中，1500 億來自降低成本的努力。降低成本所帶來的收益竟然佔據了新增收入的一半以上，這真是令人難以置信。

如果沒有這種強烈的節約意識，豐田公司不可能創造出這種精益生產模式，在這裏，人們看到了量的積累促成質的飛躍。正是這種不懈的節約行動，最終創造出了一種有著極高生產效率的生產模式，奠定了豐田公司躋身世界頂級汽車製造商之列的堅固基石。

日本企業的高效率正是他們叱吒國際市場的一個重要法寶，這正是企業需要向日本企業學習的地方。企業的節約絕不僅僅是原料的節約，企業應該樹立的是一種全面的節約觀，把節省時間、節省

人力、節省距離、節省費用、降低不合格產品率等等都看作一種杜絕浪費的表現，那麼企業不僅能提高資源利用率，還能大幅提高生產效率，降低生產成本，全面增強企業的競爭力。

企業要向日本企業學習的正是這樣一種全面的節約觀，只有在這種節約觀的指導下，節約資源才能有效的和提高生產效率緊密結合起來，真正提高企業的產量和品質水準，降低企業生產成本，實現企業的全面進步，真正提高企業的綜合實力，讓企業在競爭中取得全面優勢。

現在企業的競爭已經延伸到企業的內部，而不再局限於在市場上的競爭，企業之間的競爭說到底就是企業綜合實力的競爭，是企業各方面素質的全面比拼，而產品和服務只不過是企業素質在實物上的反映。可以這樣說，企業與浪費這一敵人進行的戰鬥就是企業在同競爭對手比拼的預演，誰能夠搶先奪得這場內部戰爭的勝利，誰就能利用高品質、低成本的商品和服務在市場競爭中拔得頭籌，將對手踩在腳下。

那些沒有清醒認識到節約的人，當他看到自己的產品積壓，或者由於成本的擠壓而獲取不到絲毫利潤的時候，失敗已經變成了不可扭轉的結局。所以，企業只有好好磨煉自己的內功，才能在企業生產經營的各個環節杜絕一切浪費，進而在與競爭對手的短兵相接中佔據優勢。

◎ 宜家公司的降低成本作法

宜家（IKEA）是當今世界上最大的家居用品公司，是 20 世紀中少數幾個令人眩目的商業奇蹟之一。這個瑞典家居裝飾集團從 2002 年開始遭遇了 10 年來最艱難的一年。歐元強勢走向以及中歐經濟的滑坡，給宜家的經營造成了很大的麻煩。此外，由於新店對幹老店的衝擊所造成的「同類相殘」，影響比預期的要大。截至 2003 年 8 月 31 日，宜家的銷售額上升 3%，達到 113 億歐元，但該數字包括了 11 家新店的銷售額。若不計這些新店的銷售額，宜家全年的銷售增長率為零。

推行節儉的企業文化，降低企業的成本，已經成為越來越多的企業所採用的有效的企業戰略。對於一家企業來說，節儉就是指企業在提供相同的產品或服務時，通過在內部加強成本控制，在研究、開發、生產、銷售、服務和廣告等領域內把成本降低到最低限度，使成本或費用明顯低於行業平均水準或主要競爭對手，從而贏得更高的市場佔有率或更高的利潤，成為行業中的成本領先者的一種競爭戰略。

但宜家並沒有因此成為昨日黃花，節儉是宜家渡過難關的「護身符。」在瑞典南部的赫爾辛堡宜家的一個辦公室裏，牆上貼有醒目的「節省一度電」標語，突出顯示了公司最新的成本削減倡議。公司敦促員工，在不用電燈、水龍頭和電腦時，把它們關閉。這其

實是一場競賽:從 2003 年 11 月到 2004 年 1 月,在全球各地的宜家分店或辦事處中,那家省電最多,那家就能得獎。這也正是宜家的節儉經營思想的體現。宜家正是憑藉「節省一度電」的精神,渡過了自己的難關。

宜家五十年磨一劍,從一家作坊式的傢俱店,成長為充滿活力、競爭力和創新力的百年老店,靠的就是用節儉來減低成本。

宜家這種儉樸節約的企業文化,源自公司創建者坎普拉德。視浪費為「致命的罪過」、擁有天生的節儉文化──恪守節儉是宜家創始人坎普拉德從創業至今一以貫之的傳統。

大多數企業及其經營管理者降低成本的觀念只局限於微觀上如何降低財務費用、人工成本、生產成本等狹小的範圍,而宜家公司的「低成本戰略」已成為全方位、多層次、從宏觀到微觀的一項複雜的系統工程,滲透到了其經營運作的方方面面和各個領域。

宜家的經營理念是「提供種類繁多、美觀實用、老百姓買得起的家居用品」。這就決定了宜家在追求產品美觀實用的基礎上要保持低價格,實際上宜家的低價格策略貫穿於從產品設計(造型、選材等)到 OEM 廠商的選擇、管理、物流設計、賣場管理的整個流程。

宜家的節儉從產品設計的時候就開始了。在宜家有一種說法:「我們最先設計的是價簽」。即設計師在設計產品之前,宜家就已經為該產品設定了比較低的銷售價格及成本,然後在這個成本之內,盡一切可能做到精美、實用。

為了在設定的低價格內完成高難度的精美設計、選材,並估計出廠家生產成本,宜家專門成立了一個研發團隊,它包括設計師、

產品開發人員、採購人員等。這些人一起密切合作確保在確定的成本範圍內做出各種性能變數的最優化。他們在一起討論產品設計、所用的材料，並選擇合適的供應商。

宜家的研發體制非常獨特，能夠把低成本與高效率結為一體。宜家的設計理念是「同樣價格的產品，比誰的設計成本更低」，因而設計師在設計中競爭焦點常常集中在是否少用一個螺釘或能否更經濟地利用一根鐵棍上，這樣不僅能有降低成本的好處，而且往往會產生傑出的創意。

宜家發明了「模組」式傢俱設計方法（宜家的傢俱都是拆分的組裝貨，產品分成不同模組，分塊設計。不同的模組可根據成本在不同地區生產；同時，有些模組在不同傢俱間也可通用），這樣不僅設計的成本得以降低，而且產品的總成本也能得到降低。

宜家在屬行節儉、降低成本方面，可謂是全方位的，方方面面考慮得非常週全。每一處能夠節儉的地方，宜家都不放過。

在宜家看來，設計是一個關鍵環節，它直接影響了產品的選材、技術、儲運等環節，對價格的影響很大。所以宜家的設計團隊必須充分考慮產品從生產到銷售的各個環節。

以邦格杯子的設計來說明問題吧，為了以低價格生產出符合要求的杯子，設計師必須充分考慮杯子的材料、設計等因素，甚至包括顏色。

漂亮的邦格杯子沒有紅色的，這裏就有一個一般人想不到的原因。設計師將杯子的顏色設計為綠色、藍色、黃色或者白色，除了美觀以外，就是因為這些色料與其他顏色（如紅色）

的色料相比，成本更低；邦格杯子被設計成了一種特殊的錐形，之所以這樣，和杯子的顏色選擇冷色調一樣，美觀並不是全部的因素，除了作美觀的考慮以外，還有一個很重要的考慮，就是為了在儲運、生產等方面降低成本，因為這種特殊的錐形能夠使邦格杯子在盡可能短的時間內通過機器，從而達到節省成本的效果；邦格杯子的尺寸也是經過嚴格實驗才確定下來的，這樣的尺寸能夠使生產廠家一次在烘箱中放入杯子的數量最大，這樣既節省了生產時間，又節約了成本。宜家在成本的節儉上可謂煞費苦心，但如此煞費苦心的設計並沒有使宜家滿足。宜家後來又將邦格杯子的高度減小了，對杯把兒的形狀也作了改進，使之可以更有效地進行疊放，從而節省了杯子在運輸、倉儲、商場展示以及顧客家中碗櫥內佔用的空間。這一切，用一句話來概括，就是——進一步降低了成本。

為了夠節省每一分錢，將成本降到最低，宜家不斷採用新材料、新技術來提高產品性能並降低價格。

奧格拉椅子就是一個很好的證明。在宜家人眼中，奧格拉（椅子）是近乎完美的一種椅子：很漂亮、結實，重量輕而且很實用。起初，奧格拉椅子用木材生產，隨著市場變化，其價格變得太高，宜家便採用平板包裝降低成本；當平板包裝也不能滿足低成本要求時，宜家的設計師採用複合塑膠替代木材；後來，為了進一步降低成本，宜家將一種新技術引入了傢俱行業通過將氣體注入複合塑膠，節省材料並降低重量，並且能夠更快地生產產品（而且，可以對產品實行平板包裝）。

　　為了進一步節省成本，宜家還與 OEM 廠商通力合作。而且這種合作從產品開發設計便開始了。

　　在產品開發設計過程中，設計團隊與供應商進行密切的合作。在廠家的協助下，宜家有可能找到更便宜的替代材料、更容易降低成本的形狀、尺寸等。所有的產品設計確定之後，設計研發機構將和宜家在全球33個國家設立的40家貿易代表處共同確定那些供應商可以在成本最低而又保證品質的情況下，生產這些產品。2000多家供應商會展開激烈競爭，得分高的供應商將得到「大定單」的鼓勵。通常，宜家為更大量地銷售某種產品，會降低價格，這必然會向自己提出進一步降低生產成本的要求，許多供應商當然也會被迫提高生產效率，壓低生產成本。所以，成本更加低廉的供應商會大量出現在宜家的名單上。

　　在產品成本方面，宜家除了與 OEM 供應商通力合作，也鼓勵各供應商之間進行競爭，宜家傾向於把訂單授予那些總體上衡量起來價格較低的廠商宜家在為產品選擇供應商時，從整體上考慮總體成本最低。即計算產品運抵各中央倉庫的成本作為基準，再根據每個銷售區域的潛在銷售量來選擇供應商，同時參考品質、生產能力等其他因素。

　　宜家嚴格地控制著物流的每一個環節，以保證最低成本。從1956年開始推行至今的「平板包裝」，就是為了降低運輸成本和提高效率，降低傢俱在儲運過程中的損壞率及佔用倉庫的空間；更主要的，平板包裝大大降低了產品的運輸成本，使得宜家在全世界範圍內進行規模化佈局生產成為可能。據說平板包裝的靈感來自宜家

早期的一位員工一他突發奇想，決定把桌腿卸掉，這樣可以把它裝到汽車內，而且還可避免運輸過程中的損壞。從那時起，宜家便開始在設計時考慮平板包裝的問題。平板包裝進一步降低了產品的價格。同時，宜家也開始形成了一種工作模式，即把「問題轉化為機遇」。宜家估計，如果成品裝運、運輸體積將增大 6 倍。宜家的觀點是：「我們不想為運輸空氣付錢。」

當然，為了進一步降低運輸成本，同樣是平板包裝，宜家的設計師還不斷在產品上做文章，在產品設計過程中還要考慮產品如何設計才會使生產、儲運成本最低。這包括適合貨盤大量運輸的杯子，或者抽掉空氣的枕頭。

除此之外，宜家還不斷在全球範圍內調整其生產佈局——宜家在全球擁有近 2000 家供應商（其中包括宜家自有工廠），供應商將各種產品由世界各地運抵宜家全球的各中央倉庫，然後從中央倉庫運往各個商場進行銷售。由於各地不同產品的銷量不斷變化，宜家也就不斷調整其生產訂單在全球的分佈。

宜家把全球近 20 家配送中心和一些中央倉庫大多集中在海陸空的交通要道，以便節省時間。這些商品被運送到全球各地的中央倉庫和分銷中心，通過科學的計算，決定那些產品在本地製造銷售，那些出口到海外的商店。每家「宜家商店」根據自己的需要向宜家的貿易公司購買這些產品，通過與這些貿易公司的交易，宜家可以順利地把所有商店的利潤吸收到國外低稅收甚至是免稅收的國家和地區。

例如，尼克折疊椅原先在泰國生產，運往馬來西亞後再轉運中

國。再加上商場的運營成本，最後定價為 99 元一把。年銷售額僅為 1 萬多把。實施這項計畫後，中國的採購價為人民幣 30 元一把，運抵商店的成本增至 34 元一把，商場的零售價定為 59 元一把，比以前低了 40 元，年銷售量卻猛增至 12 萬把。

因此，整個供應鏈的運轉，從每家商店提供的即時銷售記錄開始，回饋到產品設計研發機構，再到貿易機構、代工生產商、物流公司、倉儲中心，直至轉回到商店。當然這套供應鏈的運轉，是在宜家服務集團的支援下才能完全奏效的。例如服務機構下面的物流部門才能清楚地知道商店的貨物狀態（何時缺貨或者何時補貨等等）。

宜家把顧客也看作合作夥伴：顧客翻看產品目錄，光顧宜家自選商場，挑選傢俱並自己在自選倉庫提貨。由於大多數貨品採用平板包裝，顧客可方便地將其運送回家並獨立進行組裝。這樣，顧客節省了部份費用（提貨、組裝、運輸），享受了低價格；宜家則節省了成本，保持了產品的低價格優勢。

成本控制戰略始終是宜家引以為自豪的生意經。「不斷降低成本從而降低價格」可以說是宜家商業哲學中最重要的組成部份之一。正是這種商業哲學使宜家成為了一家世界知名的大企業，也幫助宜家渡過了難關。

臺灣的核心競爭力，就在這裏！

圖 書 出 版 目 錄

下列圖書是由臺灣的憲業企管顧問（集團）公司所出版，秉持專業立場，特別注重實務應用，50 餘位顧問師為企業界提供最專業的各種經營管理類圖書。

1. 傳播書香社會，直接向本出版社購買，一律 9 折優惠，郵遞費用由本公司負擔。服務電話 (02) 27622241　(03) 9310960　　傳真 (03) 9310961

2. 付款方式：請將書款轉帳到我公司下列的銀行帳戶。
   - 銀行名稱：合作金庫銀行（敦南分行）　帳號：5034-717-347447
     公司名稱：憲業企管顧問有限公司
   - 郵局劃撥號碼：18410591　郵局劃撥戶名：憲業企管顧問公司

3. 圖書出版資料隨時更新，請見網站 www.bookstore99.com

經營顧問叢書

275	主管如何激勵部屬	360 元
276	輕鬆擁有幽默口才	360 元
277	各部門年度計劃工作（增訂二版）	360 元
278	面試主考官工作實務	360 元
279	總經理重點工作（增訂二版）	360 元
282	如何提高市場佔有率（增訂二版）	360 元
283	財務部流程規範化管理（增訂二版）	360 元
284	時間管理手冊	360 元
285	人事經理操作手冊（增訂二版）	360 元
286	贏得競爭優勢的模仿戰略	360 元
287	電話推銷培訓教材（增訂三版）	360 元
288	贏在細節管理（增訂二版）	360 元
289	企業識別系統 CIS（增訂二版）	360 元
290	部門主管手冊（增訂五版）	360 元
291	財務查帳技巧（增訂二版）	360 元
292	商業簡報技巧	360 元
293	業務員疑難雜症與對策（增訂二版）	360 元
294	內部控制規範手冊	360 元
295	哈佛領導力課程	360 元
296	如何診斷企業財務狀況	360 元
297	營業部轄區管理規範工具書	360 元
298	售後服務手冊	360 元
299	業績倍增的銷售技巧	400 元
300	行政部流程規範化管理（增訂二版）	400 元
301	如何撰寫商業計畫書	400 元
302	行銷部流程規範化管理（增訂二版）	400 元
303	人力資源部流程規範化管理（增訂四版）	420 元
304	生產部流程規範化管理（增訂二版）	400 元
305	績效考核手冊(增訂二版)	400 元
306	經銷商管理手冊(增訂四版)	420 元

307	招聘作業規範手冊	420 元
308	喬·吉拉德銷售智慧	400 元
309	商品鋪貨規範工具書	400 元
310	企業併購案例精華（增訂二版）	420 元
311	客戶抱怨手冊	400 元
312	如何撰寫職位說明書(增訂二版)	400 元
313	總務部門重點工作（增訂三版）	400 元
314	客戶拒絕就是銷售成功的開始	400 元
315	如何選人、育人、用人、留人、辭人	400 元
316	危機管理案例精華	400 元
317	節約的都是利潤	400 元

《商店叢書》

10	賣場管理	360 元
18	店員推銷技巧	360 元
30	特許連鎖業經營技巧	360 元
35	商店標準操作流程	360 元
36	商店導購口才專業培訓	360 元
37	速食店操作手冊〈增訂二版〉	360 元
38	網路商店創業手冊〈增訂二版〉	360 元
40	商店診斷實務	360 元
41	店鋪商品管理手冊	360 元
42	店員操作手冊（增訂三版）	360 元
43	如何撰寫連鎖業營運手冊〈增訂二版〉	360 元
44	店長如何提升業績〈增訂二版〉	360 元
45	向肯德基學習連鎖經營〈增訂二版〉	360 元
46	連鎖店督導師手冊	360 元
47	賣場如何經營會員制俱樂部	360 元
48	賣場銷量神奇交叉分析	360 元
49	商場促銷法寶	360 元
50	連鎖店操作手冊(增訂四版)	360 元
51	開店創業手冊〈增訂三版〉	360 元
52	店長操作手冊（增訂五版）	360 元

53	餐飲業工作規範	360 元
54	有效的店員銷售技巧	360 元
55	如何開創連鎖體系〈增訂三版〉	360 元
56	開一家穩賺不賠的網路商店	360 元
57	連鎖業開店複製流程	360 元
58	商鋪業績提升技巧	360 元
59	店員工作規範（增訂二版）	400 元
60	連鎖業加盟合約	400 元
61	架設強大的連鎖總部	400 元
62	餐飲業經營技巧	400 元

《工廠叢書》

13	品管員操作手冊	380 元
15	工廠設備維護手冊	380 元
16	品管圈活動指南	380 元
17	品管圈推動實務	380 元
20	如何推動提案制度	380 元
24	六西格瑪管理手冊	380 元
30	生產績效診斷與評估	380 元
32	如何藉助 IE 提升業績	380 元
35	目視管理案例大全	380 元
38	目視管理操作技巧(增訂二版)	380 元
46	降低生產成本	380 元
47	物流配送績效管理	380 元
49	6S 管理必備手冊	380 元
51	透視流程改善技巧	380 元
55	企業標準化的創建與推動	380 元
56	精細化生產管理	380 元
57	品質管制手法〈增訂二版〉	380 元
58	如何改善生產績效〈增訂二版〉	380 元
67	生產訂單管理步驟〈增訂二版〉	380 元
68	打造一流的生產作業廠區	380 元
70	如何控制不良品〈增訂二版〉	380 元
71	全面消除生產浪費	380 元
72	現場工程改善應用手冊	380 元
75	生產計劃的規劃與執行	380 元
77	確保新產品開發成功（增訂四版）	380 元
78	商品管理流程控制(增訂三版)	380 元

79	6S 管理運作技巧	380 元
80	工廠管理標準作業流程〈增訂二版〉	380 元
81	部門績效考核的量化管理（增訂五版）	380 元
82	採購管理實務〈增訂五版〉	380 元
83	品管部經理操作規範〈增訂二版〉	380 元
84	供應商管理手冊	380 元
85	採購管理工作細則〈增訂二版〉	380 元
86	如何管理倉庫（增訂七版）	380 元
87	物料管理控制實務〈增訂二版〉	380 元
88	豐田現場管理技巧	380 元
89	生產現場管理實戰案例〈增訂三版〉	380 元
90	如何推動 5S 管理（增訂五版）	420 元
91	採購談判與議價技巧	420 元
92	生產主管操作手冊(增訂五版)	420 元
93	機器設備維護管理工具書	420 元
94	如何解決工廠問題	420 元

《醫學保健叢書》

1	9 週加強免疫能力	320 元
3	如何克服失眠	320 元
4	美麗肌膚有妙方	320 元
5	減肥瘦身一定成功	360 元
6	輕鬆懷孕手冊	360 元
7	育兒保健手冊	360 元
8	輕鬆坐月子	360 元
11	排毒養生方法	360 元
13	排除體內毒素	360 元
14	排除便秘困擾	360 元
15	維生素保健全書	360 元
16	腎臟病患者的治療與保健	360 元
17	肝病患者的治療與保健	360 元
18	糖尿病患者的治療與保健	360 元
19	高血壓患者的治療與保健	360 元
22	給老爸老媽的保健全書	360 元
23	如何降低高血壓	360 元
24	如何治療糖尿病	360 元

25	如何降低膽固醇	360 元
26	人體器官使用說明書	360 元
27	這樣喝水最健康	360 元
28	輕鬆排毒方法	360 元
29	中醫養生手冊	360 元
30	孕婦手冊	360 元
31	育兒手冊	360 元
32	幾千年的中醫養生方法	360 元
34	糖尿病治療全書	360 元
35	活到 120 歲的飲食方法	360 元
36	7 天克服便秘	360 元
37	為長壽做準備	360 元
39	拒絕三高有方法	360 元
40	一定要懷孕	360 元
41	提高免疫力可抵抗癌症	360 元
42	生男生女有技巧〈增訂三版〉	360 元

《培訓叢書》

11	培訓師的現場培訓技巧	360 元
12	培訓師的演講技巧	360 元
14	解決問題能力的培訓技巧	360 元
15	戶外培訓活動實施技巧	360 元
17	針對部門主管的培訓遊戲	360 元
20	銷售部門培訓遊戲	360 元
21	培訓部門經理操作手冊（增訂三版）	360 元
22	企業培訓活動的破冰遊戲	360 元
23	培訓部門流程規範化管理	360 元
24	領導技巧培訓遊戲	360 元
25	企業培訓遊戲大全(增訂三版)	360 元
26	提升服務品質培訓遊戲	360 元
27	執行能力培訓遊戲	360 元
28	企業如何培訓內部講師	360 元
29	培訓師手冊（增訂五版）	420 元
30	團隊合作培訓遊戲(增訂三版)	420 元
31	激勵員工培訓遊戲	420 元

《傳銷叢書》

4	傳銷致富	360 元
5	傳銷培訓課程	360 元
7	快速建立傳銷團隊	360 元
10	頂尖傳銷術	360 元

12	現在輪到你成功	350 元
13	鑽石傳銷商培訓手冊	350 元
14	傳銷皇帝的激勵技巧	360 元
15	傳銷皇帝的溝通技巧	360 元
19	傳銷分享會運作範例	360 元
20	傳銷成功技巧（增訂五版）	400 元
21	傳銷領袖（增訂二版）	400 元
22	傳銷話術	400 元

《幼兒培育叢書》

1	如何培育傑出子女	360 元
2	培育財富子女	360 元
3	如何激發孩子的學習潛能	360 元
4	鼓勵孩子	360 元
5	別溺愛孩子	360 元
6	孩子考第一名	360 元
7	父母要如何與孩子溝通	360 元
8	父母要如何培養孩子的好習慣	360 元
9	父母要如何激發孩子學習潛能	360 元
10	如何讓孩子變得堅強自信	360 元

《成功叢書》

1	猶太富翁經商智慧	360 元
2	致富鑽石法則	360 元
3	發現財富密碼	360 元

《企業傳記叢書》

1	零售巨人沃爾瑪	360 元
2	大型企業失敗啟示錄	360 元
3	企業併購始祖洛克菲勒	360 元
4	透視戴爾經營技巧	360 元
5	亞馬遜網路書店傳奇	360 元
6	動物智慧的企業競爭啟示	320 元
7	CEO 拯救企業	360 元
8	世界首富　宜家王國	360 元
9	航空巨人波音傳奇	360 元
10	傳媒併購大亨	360 元

《智慧叢書》

1	禪的智慧	360 元
2	生活禪	360 元
3	易經的智慧	360 元
4	禪的管理大智慧	360 元
5	改變命運的人生智慧	360 元

6	如何吸取中庸智慧	360 元
7	如何吸取老子智慧	360 元
8	如何吸取易經智慧	360 元
9	經濟大崩潰	360 元
10	有趣的生活經濟學	360 元
11	低調才是大智慧	360 元

《DIY 叢書》

1	居家節約竅門 DIY	360 元
2	愛護汽車 DIY	360 元
3	現代居家風水 DIY	360 元
4	居家收納整理 DIY	360 元
5	廚房竅門 DIY	360 元
6	家庭裝修 DIY	360 元
7	省油大作戰	360 元

《財務管理叢書》

1	如何編制部門年度預算	360 元
2	財務查帳技巧	360 元
3	財務經理手冊	360 元
4	財務診斷技巧	360 元
5	內部控制實務	360 元
6	財務管理制度化	360 元
8	財務部流程規範化管理	360 元
9	如何推動利潤中心制度	360 元

為方便讀者選購，本公司將一部分上述圖書又加以專門分類如下：

《企業制度叢書》

1	行銷管理制度化	360 元
2	財務管理制度化	360 元
3	人事管理制度化	360 元
4	總務管理制度化	360 元
5	生產管理制度化	360 元
6	企劃管理制度化	360 元

《主管叢書》

1	部門主管手冊（增訂五版）	360 元
2	總經理行動手冊	360 元
4	生產主管操作手冊（增訂五版）	420 元
5	店長操作手冊（增訂五版）	360 元
6	財務經理手冊	360 元
7	人事經理操作手冊	360 元

8	行銷總監工作指引	360 元
9	行銷總監實戰案例	360 元

《總經理叢書》

1	總經理如何經營公司(增訂二版)	360 元
2	總經理如何管理公司	360 元
3	總經理如何領導成功團隊	360 元
4	總經理如何熟悉財務控制	360 元
5	總經理如何靈活調動資金	360 元

《人事管理叢書》

1	人事經理操作手冊	360 元
2	員工招聘操作手冊	360 元
3	員工招聘性向測試方法	360 元
5	總務部門重點工作	360 元
6	如何識別人才	360 元
7	如何處理員工離職問題	360 元
8	人力資源部流程規範化管理（增訂四版）	420 元
9	面試主考官工作實務	360 元
10	主管如何激勵部屬	360 元
11	主管必備的授權技巧	360 元
12	部門主管手冊（增訂五版）	360 元

《理財叢書》

1	巴菲特股票投資忠告	360 元
2	受益一生的投資理財	360 元
3	終身理財計劃	360 元
4	如何投資黃金	360 元
5	巴菲特投資必贏技巧	360 元
6	投資基金賺錢方法	360 元
7	索羅斯的基金投資必贏忠告	360 元
8	巴菲特為何投資比亞迪	360 元

《網路行銷叢書》

1	網路商店創業手冊〈增訂二版〉	360 元
2	網路商店管理手冊	360 元
3	網路行銷技巧	360 元
4	商業網站成功密碼	360 元
5	電子郵件成功技巧	360 元
6	搜索引擎行銷	360 元

《企業計劃叢書》

1	企業經營計劃〈增訂二版〉	360 元

2	各部門年度計劃工作	360 元
3	各部門編制預算工作	360 元
4	經營分析	360 元
5	企業戰略執行手冊	360 元

在海外出差的⋯⋯⋯
台 灣 上 班 族

愈來愈多的台灣上班族，到海外工作(或海外出差)，對工作的努力與敬業，是台灣上班族的核心競爭力；一個明顯的例子，返台休假期間，台灣上班族都會抽空再買書，設法充實自身專業能力。

[憲業企管顧問公司]以專業立場，為企業界提供最專業的各種經營管理類圖書。

85%的台灣上班族都曾經有過購買(或閱讀)[憲業企管顧問公司]所出版的各種企管圖書。

建議你：工作之餘要多看書，加強競爭力。

建立企業圖書館

當市場競爭激烈時：

培訓員工，強化員工競爭力
是企業最佳對策

「人才」是企業最大的財富。如何提升人才，是企業永續經營、戰勝對手的核心競爭力。積極培訓公司內部員工，是經濟不景氣時期的最佳戰略，而最快速的具體作法，就是「建立企業內部圖書館，鼓勵員工多閱讀、多進修專業書籍」

建議您：請一次購足本公司所出版各種經營管理類圖書，作為貴公司內部員工培訓圖書。使用率高的（例如「贏在細節管理」），準備 3 本；使用率低的（例如「工廠設備維護手冊」），只買 1 本。

經營顧問叢書 ㉘⑰   售價：400 元

節約的都是利潤

西元二〇一五年八月   初版一刷

編輯指導：黃憲仁

編著：　童修賢　黃憲仁

策劃：麥可國際出版有限公司（新加坡）

編輯：蕭玲

校對：劉飛娟

發行人：黃憲仁

發行所：憲業企管顧問有限公司

電話：(02) 2762-2241　　(03) 9310960　　0930872873

電子郵件聯絡信箱：huang2838@yahoo.com.tw

銀行 ATM 轉帳：合作金庫銀行　　帳號：5034-717-347447

郵政劃撥：18410591　　憲業企管顧問有限公司

江祖平律師顧問：紙品書、數位書著作權與版權均歸本公司所有

登記證：行政業新聞局版台業字第 6380 號

本公司徵求海外版權出版代理商　(0930872873)